准晶光子晶体特性及偏振应用

殷建玲　李　刚　李　莉　著

东北大学出版社

·沈　阳·

ⓒ 殷建玲 李 刚 李 莉 2024

图书在版编目（CIP）数据

准晶光子晶体特性及偏振应用／殷建玲，李刚，李
莉著. -- 沈阳：东北大学出版社，2024. 11. -- ISBN
978-7-5517-3688-6

I. O753

中国国家版本馆 CIP 数据核字第 20255K87M4 号

内容简介

本书论述了准晶光子晶体的带隙特性、平板成像特性，以及其在偏振器件中的应用。本书分别介绍了准晶光子晶体基本概念、特征和制备方法、数值分析方法和仿真软件、带隙特性和传输特性、周期/准晶光子晶体偏振器件，以及准晶光子晶体平板成像特性。

本书总结了著者在准晶光子晶体领域的相关研究成果和最新研究进展，特别是其在偏振器件中的一些应用，突出了准晶光子晶体的独特优势。

本书适用于相关研究人员及工程技术人员，也可供相关专业研究生阅读参考。

出 版 者：东北大学出版社
　　　　　地址：沈阳市和平区文化路三号巷 11 号
　　　　　邮编：110819
　　　　　电话：024-83683655（总编室）
　　　　　　　　024-83687331（营销部）
　　　　　网址：http://press.neu.edu.cn
印 刷 者：辽宁一诺广告印务有限公司
发 行 者：东北大学出版社
幅面尺寸：170 mm×240 mm
印　　张：11. 25
字　　数：202 千字
出版时间：2024 年 11 月第 1 版
印刷时间：2024 年 11 月第 1 次印刷
责任编辑：刘 莹　　　　　　　　　　责任校对：杨世剑
封面设计：潘正一　　　　　　　　　　责任出版：初 茗

ISBN 978-7-5517-3688-6　　　　　　　　定　　价：65. 00 元

前　言

　　光子晶体（photonic crystals，PC）的概念是在 1987 年由美国 Bell 实验室的 E. Yablonovitch 和 S. John 各自独立提出的，并迅速成为自然科学研究的热点领域。近年来的研究结果表明，光子带隙不只存在于周期性分布的微结构中，在结构准周期分布的光子晶体中也存在。准晶光子晶体的提出，开辟了光子带隙材料研究的新方向，且在某些性能上甚至比周期性光子晶体更具优势，故而具有广阔的应用前景。

　　在这一背景下，著者紧跟国际发展前沿，开展了准晶光子晶体及其应用领域的探索，并取得了一些研究成果。在适应准晶光子晶体研究的软件改进、结构无序和结构变形对准晶光子晶体带隙和负折射平板成像的影响，以及偏振器件应用等方面有自己的独特心得。这些都为本书撰著奠定了基础。

　　本书在介绍准晶光子晶体基本概念、特征及设计制备的基础上，论述了准晶光子晶体的带隙特性、平板成像特性，以及其在偏振器件中的应用。本书分为 5 章，各章内容如下：第 1 章概述了光子晶体和准晶光子晶体的概念、特征以及准晶光子晶体的主要制备方法；第 2 章总结了准晶光子晶体的数值分析方法和数值仿真软件，特别是时域有限差分法和改进的 Crystalwave 仿真软件；第 3 章着重分析了介质柱形状、变形、结构无序对准晶光子晶体的带隙与传输特性的影响；第 4 章介绍并分析了光子晶体偏振片、偏振型光开关和可调光衰减器、准晶光子晶体偏振型器件、偏振型准晶光子晶体四通道分束器、缺陷大弯曲波导和渐变光子晶体大弯曲波导等偏振应用；第 5 章介绍了负折射准晶光子晶体平板成像、准晶光子晶体平板成像机理、不同偏振模式下准晶光子晶体平板特性和结构无序对特定偏振模式准晶光子晶体平板特性的影响。

　　在此，要感谢中国工程院刘颂豪院士和华南师范大学黄旭光教授的指导和

1

帮助，还要感谢著者研究和撰写团队长期的愉快合作。另外，李莉、李刚、黄富瑜、毛少娟分别参与了本书第 1 章、第 4 章和第 5 章的撰写工作。

限于著者水平，本书中取材不当、叙述不清或者错误之处在所难免，恳请读者批评指正。

殷建玲

2024 年 7 月

目　录

1 准晶光子晶体

◆◇ 1.1 概　述

　　1987 年，美国 Bell 实验室的 E. Yablonovitch 和 S. John 各自独立地提出了光子晶体(photonic crystals，PC)这一新概念。光子晶体概念的提出，引起了世界各国的关注，相关理论研究以及应用探索成为世界各国科研工作者研究的热点。1999 年 12 月，美国权威刊物 Science 评选出当前世界九大科技成果，光子晶体位列其中。2006 年底，该杂志再次将光子晶体列为未来自然科学研究的热点领域。

　　以半导体为基础、电子信息为载体的电子信息技术，对当今社会经济发展和科技进步起到了不可估量的作用。但是，随着半导体器件的速度和集成度已经接近极限，电子信息技术的发展遭遇了电子瓶颈。具有光子半导体之称的光子晶体为集成光学的发展带来了新机遇，给许多新领域中的元件、器件和部件设计与构造带来了新的契机，在光子晶体光纤、光子晶体激光器、光子晶体传感器、光子晶体电磁屏蔽、热红外隐身、仿生材料、自清洁材料、微波天线、光子晶体太赫兹器件等方面表现出广阔的应用前景。

◆◇ 1.2 光子晶体概念及特征

1.2.1 光子晶体概念

　　光子晶体是由不同折射率介质周期性排列而成的人工微结构。由于介电常数存在空间上的周期性，能引起空间折射率的周期变化，因此当介电常数的变化足够大且变化周期与光波长相当时，光波的色散关系出现禁带和通带的带状结构。

（1）禁带。频率落在禁带中的电磁波被严格禁止传播，其反射率可达到100%，其被禁止的频率区间称为光子带隙。

（2）通带。频率落在通带内的电磁波几乎无损耗地传播。

由此，光子晶体的出现使得人们可以根据需求对电磁波自由裁切定制。光子晶体的出现，使人们首次实现了对电磁波自由调控，这给国防和光电子器件的发展都带来了新的契机。

1.2.2　光子晶体的基本特征

光子晶体周期结构表现出两个主要特征：光子带隙和光子局域。

1.2.2.1　光子带隙

光子晶体最基本的特征是具有光子带隙，见图1-1。

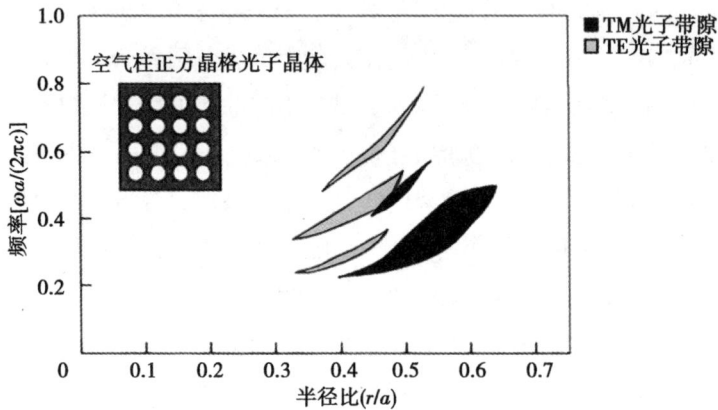

（a）

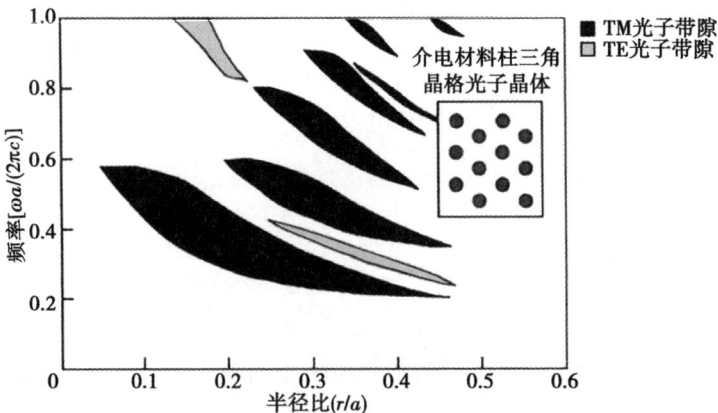

（b）

图1-1　光子晶体的光子带隙图

众所周知，在半导体材料中，由于受到周期性势场的作用，电子会形成不同的能级，能级与能级之间可能有带隙。光子的情况也非常类似，如果将具有不同折射系数的介质在空间按照一定的周期排列，当空间周期与波长相当时，由于周期性所带来的 Bragg 散射能够产生一定频率范围的光子带隙，频率落在该带隙中的光不能传播。光子晶体实际上对整个电磁波谱都是成立的，甚至对于声波(弹性波)也存在带隙。当电磁波照射到光子晶体上时，如果其频率落在光子晶体的禁带频率范围内，那么该电磁波将被完全反射。

如果只在一个方向上存在周期性结构，那么光子带隙只能出现在这个方向。类似地，如果在三个方向存在周期结构，那么带隙可以出现在全方位上，特定频率的光进入光子晶体中，将在所有方向都被禁止传输。因此，按照光子晶体的定义，它可以分为一维、二维和三维光子晶体，见图1-2。

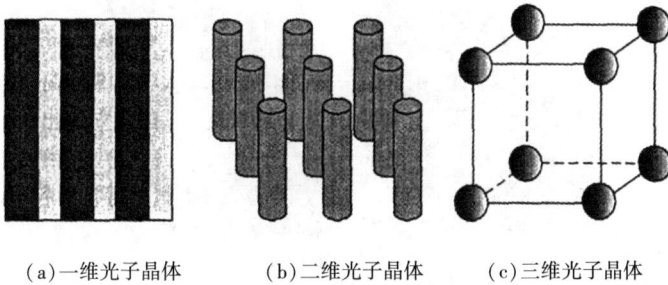

(a)一维光子晶体　　(b)二维光子晶体　　(c)三维光子晶体

图1-2　光子晶体结构图

通常，为了获得完全光子带隙，最主要的方式是电介质晶格必须沿三个轴向周期排列，形成三维光子晶体。但是，也有例外，在周期排列的介质中，存在少量缺陷并不会破坏光子带隙，甚至高度无序介质可以通过安德森定域机制阻止光的传播；另一种具有完全光子带隙的非周期材料是准晶体结构，见图1-3。

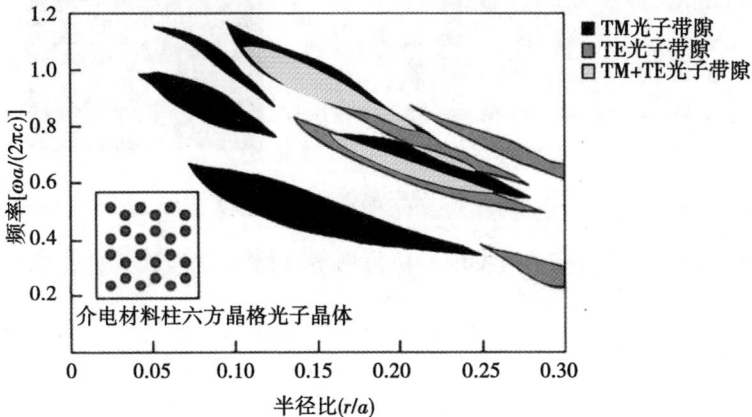

图1-3　六方晶格光子晶体带隙图

1.2.2.2 光子局域

光子晶体的另一主要特征是光子局域。如果在光子晶体中引入某种程度的缺陷，那么和缺陷态频率吻合的光子有可能被局域在缺陷位置，一旦其偏离缺陷处，光就将迅速衰减。缺陷分为点缺陷、线缺陷和面缺陷。对于点缺陷，光被俘获在特定的位置，无法从任何一个方向往外传播，相当于一个微谐振腔，见图1-4(a)。对于线缺陷，光被局域在线缺陷位置，只能沿线缺陷方向传播，其行为类似光波导，实验发现，当缺陷90°转折时，能接近100%导光，见图1-4(b)和图1-5。对于面缺陷，可得到理想的反射面，理论上可以反射所有入射方向的光，反射率接近100%。这些性质都具有十分重要的应用价值，可用来制作微腔激光器、光波导等光学器件。

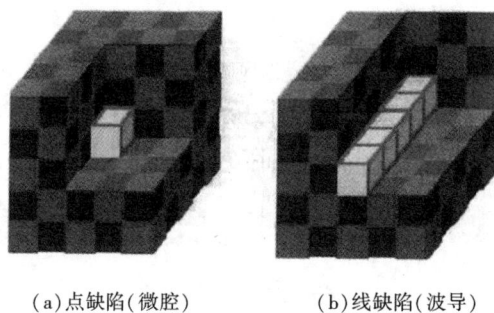

(a)点缺陷(微腔)　　　　　(b)线缺陷(波导)

图1-4 光子晶体缺陷图

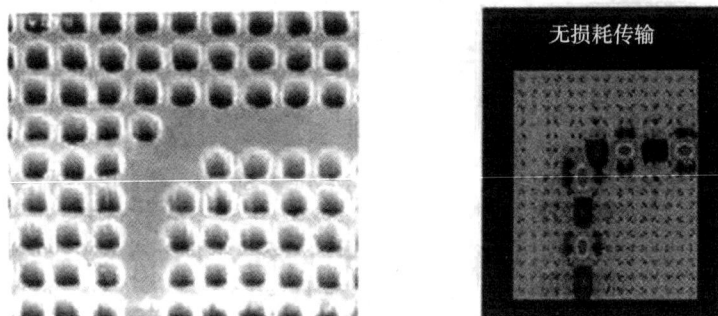

图1-5 光子晶体光波导图

在光子晶体的研究中，还发现了负折射等特殊的物理现象，也受到广泛关注，见图1-6。

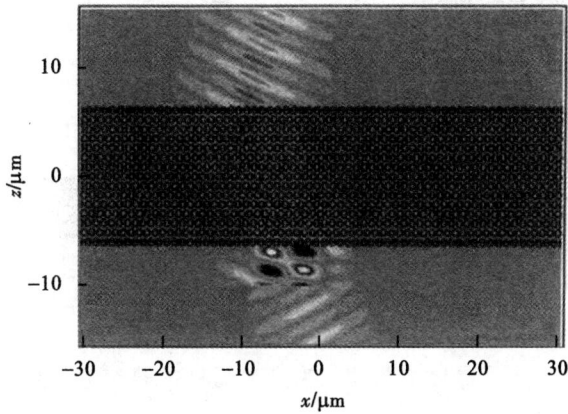

图1-6　光子晶体中的负折射现象

1.2.3　光子晶体的典型应用

由于对光子的独特控制能力，光子晶体的应用范围非常广泛。目前，光子晶体的应用探讨主要集中于以下方面：实现具有强非线性效应、新奇的色散特性、高双折射特性、无截频单模传输特性、极小的弯曲工作半径以及超大模面积等特性的光子晶体光纤；制作无损耗全反射的微波天线基片和手机微波防护罩等高性能的反射镜；制作具有可以小角度低损耗弯曲、反常色散特性或慢波传输等特殊性能的光子晶体波导；制作无阈值激光器、高功率分布反馈式激光器、高功率稳定的单模垂直腔表面发射激光器和高发光效率的 LED 等发射器；制作可用于光集成的高密度的波分复用器、滤波器和光开关等高性能、小尺寸的集成光学器件；实现偏振选择滤波器，色散补偿，制成分开能力比常规的要强 100~1000 倍，而体积只有常规的百分之一的超棱镜，突破衍射极限的平板型超透镜，高 Q 值的微谐振腔，光混频器，微盘激光器，DFB 量子级联激光器和量子点激光器等。

非线性光子晶在光开关、光限幅器、脉冲压缩器及光束分裂/合成等方面有应用前景。光子晶体带隙结构还可以控制频率位于带隙边缘光的群速度和相速度，进而提高非线性波混频的相位匹配，实现非线性频率转换等。

1.2.3.1　电磁防护

在电磁防护领域，传统电磁防护材料的屏蔽性能主要依赖于物质的自然属性，使得电磁屏蔽的频段、屏蔽效果受材料本征属性制约。而利用光子晶体对电磁波的裁剪，即通过光子晶体结构设计调控禁带频段，实现对防护频段和防护效能的任意调制，可以实现电磁防护频段的任意调控。光子晶体电磁防护材料的轻质化，突破了传统防护材料(金属)的趋肤效应，同时突破了电磁防护受材料性能的局限。光子晶体电磁防护材料具有宽频段、无损耗传播、高屏效和可视的兼容等特征。

1.2.3.2 隐身技术

(1)热红外隐身。由于热累积效应，对于持续高温目标的常规手段隐身处理效果均不理想。光子晶体的提出，为高温目标的热红外抑制问题提供了新的解决方法。采用禁带位于红外探测器敏感波段(3~5 μm 或 8~12 μm)的光子晶体，可有效地抑制该波段的红外辐射，实现热红外隐身。

(2)多波段宽频隐身。它是隐身技术发展的趋势，但通常各波段对材料的光谱选择性有不同要求，甚至是相互冲突的。为了解决这些冲突，必须找到光谱选择性容易控制的材料。作为一种光谱选择性，可通过微结构的周期性进行调节的材料，光子晶体概念的提出和发展为多波段宽频隐身的实现提出了新的途径。

(3)自适应隐身技术。它是未来机动作战对武器装备智能化伪装的要求和发展趋势。变发射率材料是一种能够在外部激励(如电场、光、热等)作用下，发射率循环改变的材料。但是，单纯的变发射率材料的光谱选择性及其发射率可调节的范围有限。一种基于 WO_3 反蛋白石(Opal)结构光子晶体的电致变色器件可以通过将光子晶体结构的禁带特性与 WO_3 介质的电致变色特性相结合，使器件在可见光波段的反射光谱和发射率通过电压在一定范围内调节，增大了 WO_3 介质的光谱选择性的调节范围和调节幅度。

(4)隐身斗篷。它主要利用电磁波的绕射，也就是引导电磁波绕过物体继续传播，显示物体后方的景物，使物体消失。通常，雷达或肉眼等是利用物体的反射电磁波对物体成像。如果有一种光子晶体材料涂覆或包裹在物体表面，就能引导电磁波完全绕过物体，不产生反射。这样，在观察者看来，物体似乎变得不存在，从而实现隐身，见图1-7和图1-8所示。

(a)二维   (b)三维

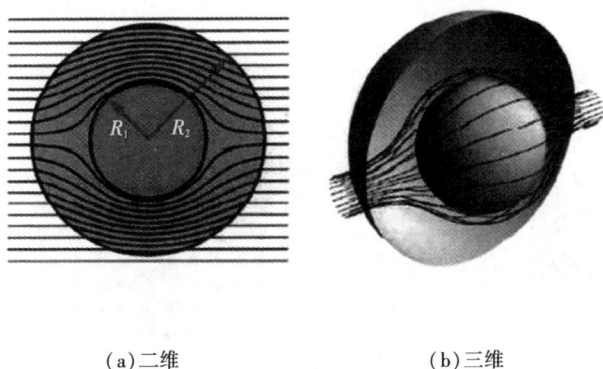

图1-7　隐身斗篷原理图

图1-8　隐身斗篷效果图

1.2.3.3　雷达器件及防护

目前，光子晶体在雷达中的应用主要有宽频带滤波器、宽频带反射器、低耗传输系统、匹配器、谐波抑制器、高 Q 谐振器、高效放大器、高性能微波天线、相控阵天线、雷达或天线防护罩等。

1.2.3.4　电子对抗

现代雷达面临的电磁环境日趋复杂。为了确保系统稳定工作，系统的电磁兼容性能非常重要。但是，如果在系统表面制作一层具有电磁窗的材料，构成频率选择表面，屏蔽掉特定频带的电磁波，那么能显著地降低系统内部对这些频率成分的要求，从而降低系统的复杂度，进而减少开发和生产成本。光子晶体的提出，为频率选择表面的应用提供了广阔的前景。

1.2.3.5　微波天线

光子晶体在微波通信领域主要用于制造微波天线。传统微波天线是将天线直接制备在介质基底上，工作时，大量能量被天线基底吸收，效率很低，且容易造成基底发热。如果用微波频段的光子晶体作为微波天线的基底，那么可以避免微波被基底吸收，把微波能量无损耗地全部反射到空中，从而大大地提高天线的发射效率。1993年，第一个以光子晶体为基底的偶极平面微波天线在美国研制成功。偶极平面微波天线在军事和民用领域均有良好的应用前景。

1.2.3.6　光波导

光子晶体波导(简称光波导)是光电集成回路中光子器件间的导线。当光子晶体引入线缺陷时，如果线缺陷的频率落在光子带隙中，那么会在光子晶体中形成一个光通道——光波导，见图1-9所示。由于光子晶体波导不依赖于全反射，因此可以有效地减少能量损失。即使转角为90°，能量损失也仅有2%。

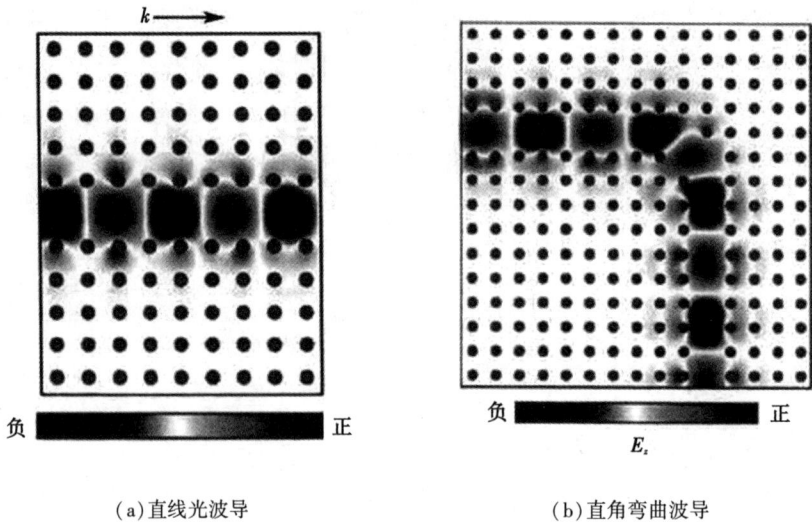

（a）直线光波导   （b）直角弯曲波导

图 1-9   光子晶体光波导图

◆◇ 1.3   准晶光子晶体

1.3.1   准晶光子晶体的概念

早期关于光子晶体的研究主要围绕传统意义上的光子晶体，也就是介电材料呈周期性排列的人工微结构展开。1998 年，香港科技大学的 Y. S. Chan 等人研究并分析二维 8 重准晶结构光子晶体的光子带隙后发现，在这些准周期排列的介电系统中，也存在空间带隙，且缺陷模特性灵活可调。所谓准晶也就是准周期结构的晶体，具有旋转对称性和长程指向性，但没有平移周期性的晶体（这个概念是美国国家标准局 Shechtman 和我国科学家郭可信教授等人于 1984 年提出的）。1999 年，C. Jin 等人在实验上证实，8 重准晶光子晶体在微波波段的确存在光子带隙，而且光子带隙对入射光的方向不敏感，即带隙与入射方向无关。2000 年，M. E. Zoorob 等人提出由氮化硅或玻璃这些低折射率材料上的空气孔形成的 12 重准晶光子晶体存在绝对的、完全光子带隙。虽然随后的理论研究结果证明，这种结构并不能形成绝对的、完全带隙，但是，M.E.Zoorob 的研究仍激起了准晶光子晶体研究的热潮。随后，大量的理论和实验都围绕准晶光子晶体的结构和特性展开，这些研究结果表明，具有其他旋转对称性的结构，如具有 5 重、10 重和 12 重旋转对称性的准晶结构也都具有光子带隙。2005年，W.Man 等人还进一步地证明，晶格常数为厘米量级的三维 20 面准晶光子晶体也具有与入射方向无关的光子带隙。这样，光子晶体的概念就从前面的传统定义推广到准晶结构，因此，光子晶体的定义应推广到具有光子带隙的、介电材料呈周期性或准晶结构排列的人工微结构。为了区别起见，把具有周期性结构的光子晶体称为周期性光子晶体，而把具有准晶结构的光子晶体称为准晶光子晶体。

按照中心旋转对称性，准晶光子晶体可以分为 5 重、7 重、8 重、10 重、12重等，参见图 1-10，图中的圆点或圆圈代表介质柱或介质平板上的空气孔。

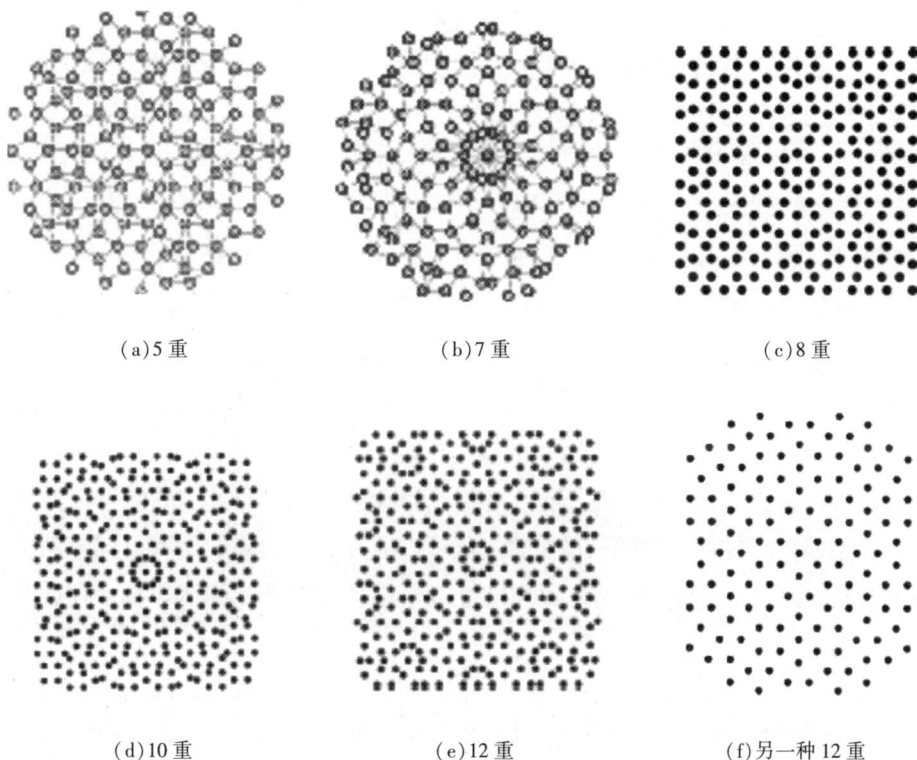

(a)5 重   (b)7 重   (c)8 重

(d)10 重   (e)12 重   (f)另一种 12 重

图 1-10　二维准晶光子晶体结构示意图

到目前为止，准晶光子晶体产生光子带隙的原因一直是一个有争议的话题。虽然人们一直声称长程的相互作用是光子带隙产生的原因，但是，准晶和非晶光子晶体带隙的存在，以及光子带隙随着准晶结构尺寸的变化规律都证明，短程有序是低阶光子带隙产生的原因。2006 年，C.Rockstuhl 等人分析了介质柱的尺寸无序、位置无序和介质介电常数无序对 5 重、6 重（传统光子晶体）和 7 重准晶光子晶体局域态密度的影响后发现，即使介质柱的位置排布完全无序，低阶带隙仍然存在，因此，他们认为，低阶光子带隙的产生与单个介质柱的 Mie 共振有关。目前，能够被人们广泛接受的机制是，低阶光子带隙的产生与短程有序有关；而高阶光子带隙的产生与长程有序或长程相互作用有关，是多次散射的结果。

1.3.2 准晶光子晶体的特征

由于准晶结构的光子晶体与周期性光子晶体存在结构上的差异，因此，与周期性光子晶体相比，准晶结构的光子晶体具有以下特点。

（1）无平移对称性，有旋转对称性。这是由准晶光子晶体的结构所决定的，准晶结构的光子晶体无平移对称性，有旋转对称性；而周期性光子晶体既有平移对称性，又有旋转对称性。

（2）光子带隙与入射方向无关。由于周期性光子晶体的旋转对称度最高为 6，因此其带隙与方向有很大关系，即带隙在不同方向是不同的；而准晶光子晶体的对称度可以大于 6，如 8 重、10 重和 12 重等，其带隙对方向非常不敏感，无论沿哪个方向入射到准晶光子晶体上，其带隙都几乎相同。

（3）更为丰富的缺陷模式。在周期性光子晶体中，可以通过改变缺陷尺寸和介质来调节缺陷模的特性；而在准晶光子晶体中，除中心对称点以外，其余不同位置的格点由于周边环境不同，各格点都起到不同的作用，故除了按照周期性光子晶体那样调节缺陷模的特性，还可以通过控制缺陷的位置来调节缺陷模的特性，因此，准晶光子晶体比周期性光子晶体的缺陷模更为丰富，且调节方式更为灵活、多样。

（4）格点排列有序程度的降低。准晶是介于周期性结构和非晶结构之间的一种结构。与周期性结构相比，准晶结构是无序的，具有高阶旋转对称性结构。从加工和制作方面来看，对有序要求的降低可以大大降低加工精度。

（5）无需引入缺陷和无序就可产生局域态，见图 1-11。光子晶体中的局域态是在光子晶体中引入点缺陷或克服光子晶体的对称性实现的。但是，2003年，Y.Wang 等人指出，完整无缺陷的 12 重准晶光子晶体结构在第一带隙内存在缺陷态，可以支持缺陷模的存在，这是非周期性和自相似效应相互补偿的结果。低于 12 重对称性的准晶光子晶体的中心介质密度比较低，故非周期性比较弱，因此，在 8 重和 10 重对称的准晶光子晶体中观察不到无缺陷局域态。但随后的研究结果表明，无缺陷局域态并非 12 重准晶光子晶体结构的专利。2004 年，M.Notomi 等人指出，Penrose 结构的准晶光子晶体在带隙边缘也存在无缺陷的局域模。2006 年，K.Wang 等人通过分析有限尺寸的 8 重准晶光子晶体结构后证实，无缺陷局域态是包含最大对称局域中心的准晶光子晶体结构的普遍现象，他们认为，该现象是形成高对称图样区域的相邻散射源之间在 Mie 共振模式下的共振所决定的；A.Della Villa 等人在分析了结构尺寸对 Penrose 结构准晶光子晶体局域模的影响后也指出，这种局域模与准晶结构的非周期性有关，是少数介质柱相互作用的结果。因此，无缺陷局域模是准晶光子晶体中的非周期性——高对称排列的结果。该现象提供了一种光学局域的新机制，可用于设计准晶结构的光子晶体光纤和微腔等。

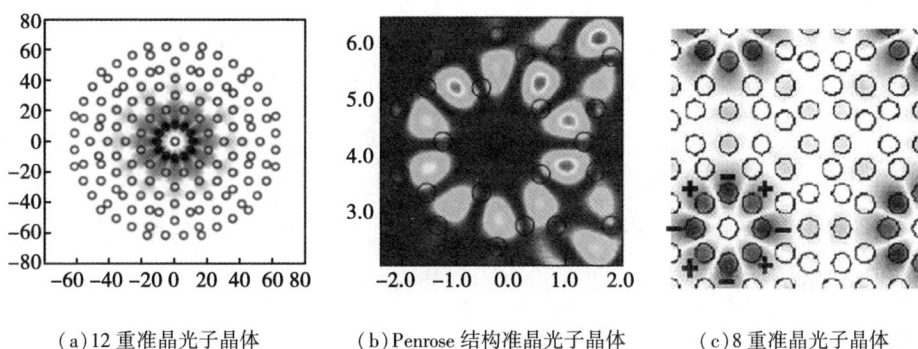

(a)12 重准晶光子晶体　　　(b)Penrose 结构准晶光子晶体　　　(c)8 重准晶光子晶体

图 1-11　无缺陷局域模

（6）产生完全带隙所需折射率阈值非常低。虽然对于用氮化硅或玻璃等低折射率材料构成的 12 重准晶光子晶体能否出现绝对的、完全光子带隙仍有争议，但产生完全带隙所需折射率阈值很低已得到证实。对于 8 重准晶光子晶体，对 TM 模出现完全带隙的相对介电常数阈值只有 $\varepsilon = 1.55(n = 1.24)$；而 12 重准晶光子晶体产生带隙的相对介电常数阈值甚至只有 $\varepsilon = 1.35$。这意味着许多基于 PBG 的器件可以用自然界普遍存在的材料——二氧化硅（SiO_2，$n = 1.45$）来实现。二氧化硅材料与目前集成光子技术和光通信的材料一致，这将使有效集成光学带隙器件成为可能，还可降低有源光器件的耦合损耗，对发展和当前光纤器件的直接耦合非常重要。

1.3.3 准晶光子晶体的应用

准晶光子晶体虽然不是在所有方面都优于周期性光子晶体，但是，准晶光子晶体具有一些特殊的、不同于周期性光子晶体的性质，如带隙与入射方向无关、缺陷模更为丰富、无需缺陷就可产生缺陷态、产生带隙的折射率阈值很低等。因此，利用准晶光子晶体提高光子晶体器件的性能和开发新的应用已成为这个领域研究的热点。目前，已经提出的准晶光子晶体的应用主要有准晶光子晶体波导、准晶光子晶体耦合腔、准晶光子晶体光纤、准晶光子晶体激光器、准晶光子晶体信道下载滤波器、准晶光子晶体的非线性效应、准晶光子晶体LED、准晶光子晶体负折射等，基本周期性光子晶体的应用都被复制到准晶光子晶体上。

1.3.3.1 准晶光子晶体直波导和弯曲波导

1999 年，中国科学院物理研究所光物理重点实验室的 C.Jin 等人制备了由 Al_2O_3 陶瓷棒 8 重光子准晶线形波导，并在实验上研究了微波波段的 8 重准晶光子晶体构成的直波导和 90°弯曲波导的传输特性[见图 1-12(a)(b)(c)]，频率位于光子带隙内的光穿过这两类波导后的透射能量都很高。但是，与周期性光子晶体构成的波导相比，其透射谱线[见图 1-12(d)]有很多起伏，透射能量对不同的频率有一定的差别，这种不平滑主要是准晶结构本身的排列方式造成的。2006 年，R.C.Gauthier 等人指出，如果在弯曲波导拐角附近引入缺陷(无缺陷的局域态)，那么可以增强 12 重准晶光子晶体弯曲波导的透射功率，图 1-12(e)。

(a)直波导	(b)90°弯曲波导	(c)另一种直波导

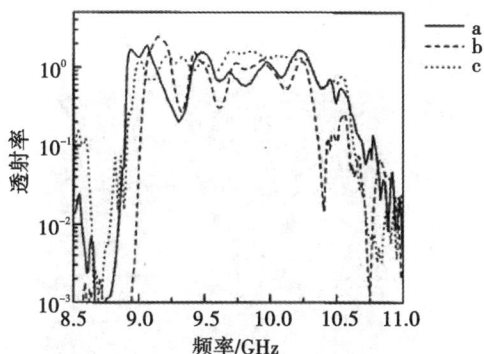

（d）三种结构对应的传输谱线　　　　（e）含缺陷态 12 重准晶光子晶体弯曲波导

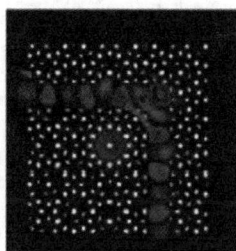

图 1-12　准晶光子晶体波导图

1.3.3.2　准晶光子晶体耦合腔波导

光子晶体耦合腔波导是由一串强局域的点缺陷或腔构成的一种特殊的光学元件。与普通光子晶体波导相比，这种波导可同时获得低群速度和很大的光场振幅，这对增强二次谐波的产生和对低群速度起作用的脉冲压缩、自发辐射等都非常有用。耦合腔波导的群速度与相邻局域模式的耦合强度有关，而耦合强度主要由相邻局域模之间的重叠面积和场强的大小决定。通常，周期性光子晶体耦合腔波导的群速度最大可比真空中的光速低 2 个数量级，因此，它在光通信中有广阔的应用前景。

2006 年，中国科学院物理研究所光物理重点实验室的 Y.Wang 等人设计了一种无缺陷的 12 重 Penrose 型准晶光子晶体耦合腔波导，该波导由多个高对称结构组合而成，见图 1-13。根据准晶光子晶体的特性可知，准晶光子晶体中无需引入缺陷就可以在高对称中心产生局域模，因此，利用多个高对称中心的组合，可以实现局域模之间的耦合，使能量从一个局域模传到下一个局域模的位置，从而形成耦合腔波导。由于这种环形局域模的场分布是分立的，相邻的环形局域模之间的重叠面积很小，因此，相邻局域模式的耦合强度很弱，进而导致群速度很慢，光在其中的群速度比周期性光子晶体构成的耦合腔波导的群速度再低 1 个数量级，比真空中的光速低 3 个数量级。

2010 年，南昌大学的 Shen 等人把 12 重 Stampfli 型光子准晶中部分单元周期排列形成一种新型光子晶体结构，并设计出一种新型的耦合共振光波导结构，提高了传输效率，并同时实现了慢光，因光子准晶缺陷模特性的灵活性及可调节性，得到了多慢光频带。

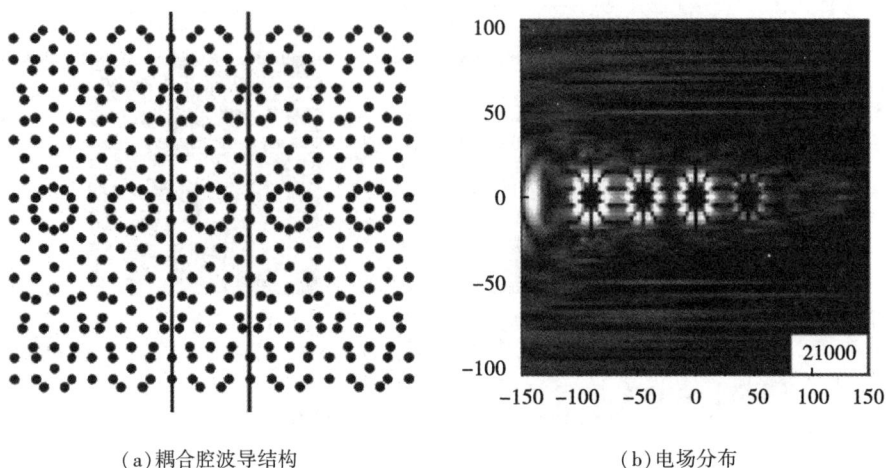

(a)耦合腔波导结构　　　　　　　　(b)电场分布

图1-13　12重准晶光子晶体耦合腔波导图

1.3.3.3　准晶光子晶体光纤

R.C.Gauthier 等人指出，12重准晶光子晶体的高对称中心在传输谱线上会产生一些缺陷态，这使波长位于缺陷位置的光会局域在高对称中心附近。图1-14给出了不同波长光的缺陷模分布。通过分析有效折射率-传输常数关系曲线（见图1-15）可知，当12重准晶光子晶体沿垂直方向无限延伸时，光的能量就会局限在中心附近，并沿垂直方向传输，从而形成光纤结构：在以二氧化硅为纤芯，以低有效折射率为包层的12重准晶光子晶体结构中，可以观测到折射率导引的光纤行为［见图1-15(a)］；而在以空气为纤芯，以准晶光子晶体为包层的微结构中，也可以观测到光子带隙效应导引的光纤传输行为［见图1-15(b)］，这说明准晶光子晶体的确可以用于设计不同类型的微结构光纤。该微结构的制作也非常简单，用玻璃管按照一定的结构进行堆积即可。

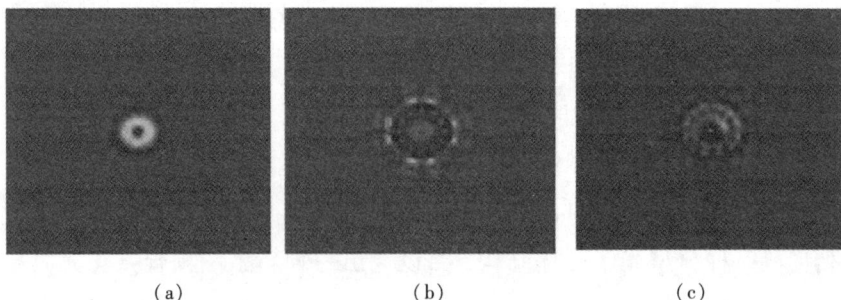

(a)　　　　　　　　(b)　　　　　　　　(c)

图1-14　不同波长光的缺陷模分布图

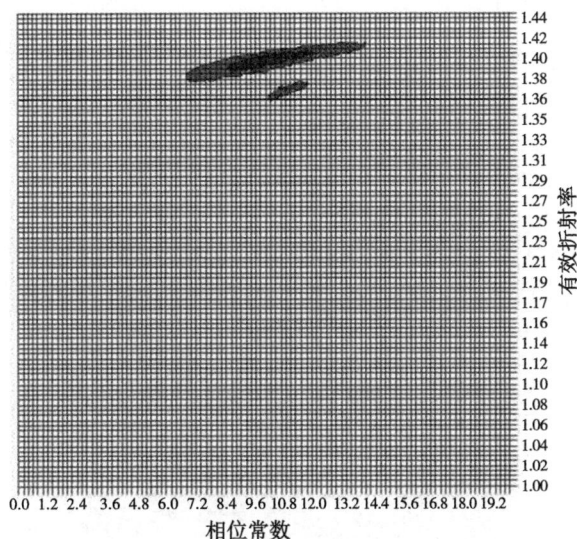

（a）高折射率材料为纤芯结构图

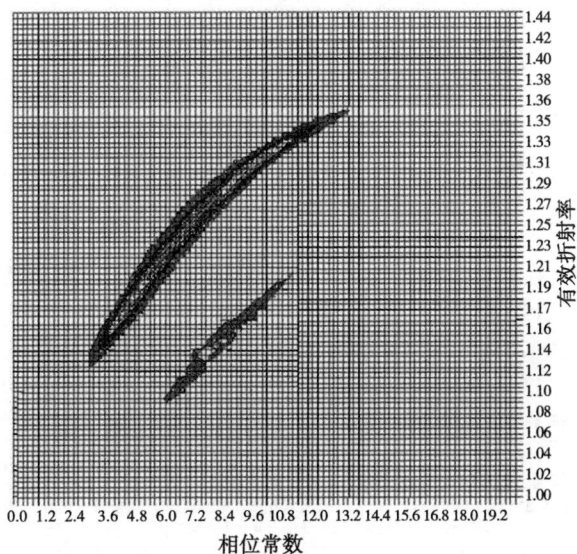

（b）空气为纤芯结构图

图 1-15　12 重准晶光子晶体结构有效折射率-传输常数关系曲线图

　　因具有丰富的缺陷模及特殊的局域态，二维光子准晶光纤除了像二维周期光子晶体光纤一样引入缺陷，也可不引入缺陷，即可在高对称中心产生缺陷模或局域态,可使光能量局限于其高旋转对称中心及其附近,沿纤芯轴向无限传输。目前,研究人员已经研究了6重、8重、10重、12重等二维光子准晶光纤。由图1-16可知,6重光子准晶光纤在1.49~1.68 μm范围内,达到超平坦色散曲线[(0±0.05)ps/(km·nm)]。

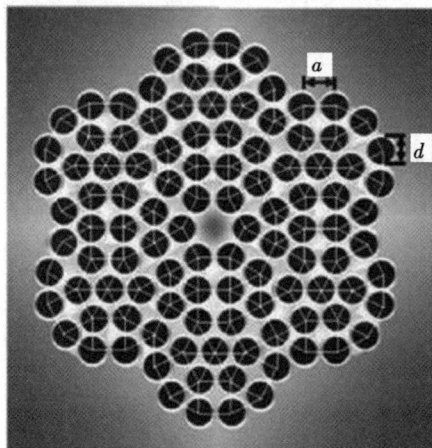

(a)光纤横截面示意图

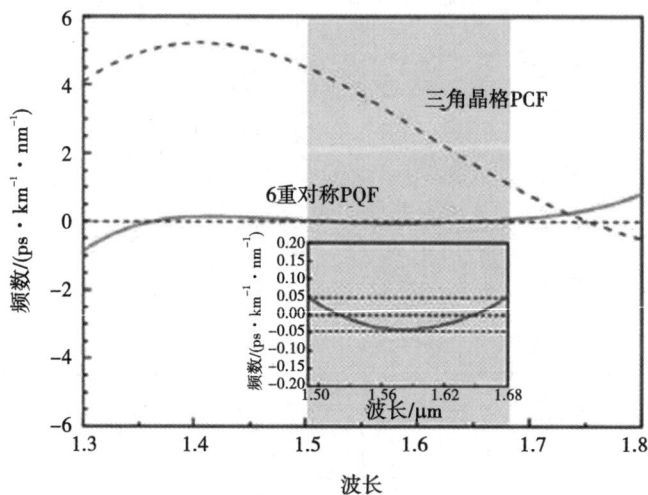

(b)色散曲线

图1-16 6重光子准晶光纤

1.3.3.4　准晶光子晶体激光器

传统的激光器包含增益介质和外反射镜。2004 年，一些不同类型的激光器正在引起更多人的注意：一类是用光子晶体作为增益和反馈，其反馈源是带边缘处 Bloch 波的驻波解；另一类是随机激光器，这种激光器中的反馈源是 Anderson 局域。准晶光子晶体提供了另一类无外反馈的激光器类型，这种激光器通过准周期性产生激光行为。由于准晶光子晶体的结构自由度更高，因此在制作高 Q 值、小模式体积方面比光子晶体具有潜力，在制作低阈值的光源方面也更有优势。

2004 年，A.Dodabalapur 等人证实了在有机物制作的、无缺陷 Penrose 型准晶光子晶体中存在激光行为。几乎同时，M.Notomi 等人制作了具有 Penrose 结构的准晶光子晶体激光器。与光子晶体激光器不同的是，该激光器利用无缺陷的局域模来产生激光行为，而且其激发光频率的数目和衍射斑的图像都比光子晶体激光器更为复杂，见图 1-17。他们还分析了产生这种现象的原因：对于准晶光子晶体，要在倒空间对其激光模进行分析，而在倒空间中，产生激光的条件可以等同为驻波条件；在光子晶体激光器中，满足驻波条件的点仅位于第一布里渊区的对称点上，而其他点都与第一布里渊区内的点相同；在准晶光子晶体激光器中，各格点在倒空间不完全相同，因此满足驻波条件的格点数目多于光子晶体激光器，可以观测到更多的不同频率的激光；这种格点的复杂性还会导致由激光频率和倒晶格点决定的、对应不同频率激光的衍射斑的图像也比周期性光子晶体激光器更为复杂。K.Nozaki 等人在无缺陷的 12 重准晶光子晶体中观测到清晰的单模激光行为，激发光的阈值仅为 0.8 mW。他们在分析了激发模式的归一化频率和带隙之间的关系后指出，由于这些缺陷模式对应的频率位于带隙的边缘，因此这些模式会在准晶光子晶体中发生扩散。这种没有引入缺陷而出现的激发模是一个部分局域的扩展模。

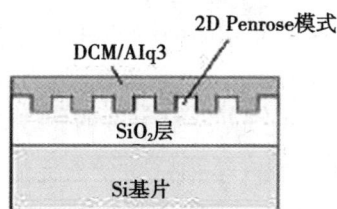

(a)结构示意图

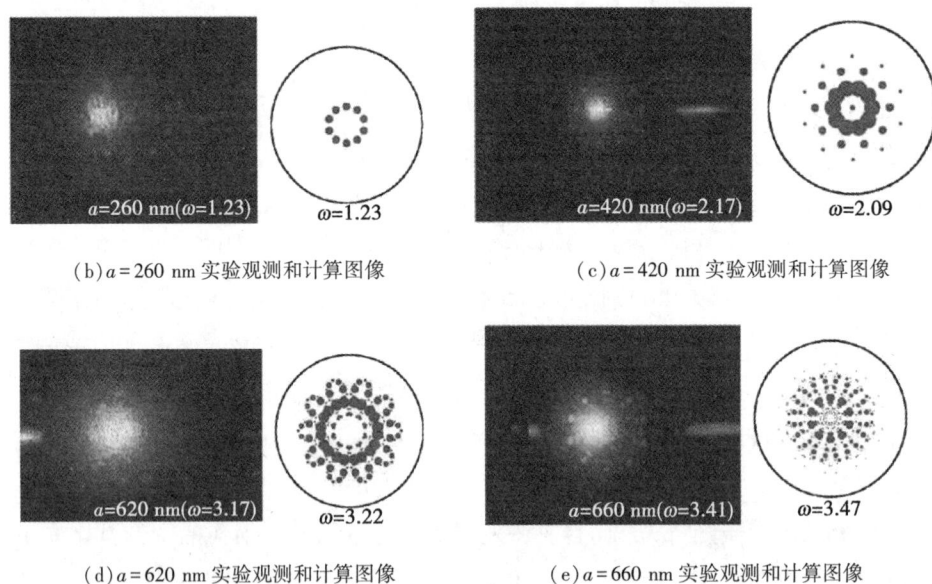

(b) a = 260 nm 实验观测和计算图像

(c) a = 420 nm 实验观测和计算图像

(d) a = 620 nm 实验观测和计算图像

(e) a = 660 nm 实验观测和计算图像

图 1-17　准晶光子晶体激光器

除了利用无缺陷的局域模产生激光行为，也可以通过在准晶光子晶体中引入缺陷来产生激光行为。K.Nozaki 等人在理论上证实，准晶光子晶体可以用作微腔镜，并与微盘激光器很好地结合，从而在尺寸突破衍射极限的微腔中保持具有很高品质因子的回音壁模式。随后，他们又制作了一个 12 重准晶光子晶体激光器，通过在准晶光子晶体的中心拿掉 7 个空气柱形成点缺陷来实现对光的局域，该激光器在室温下产生激光的阈值仅为 0.8 mW。这种激光器与无缺陷的激光器的激发模式不同，其缺陷模是回音壁模式，它通过光子带隙或边缘反射效应实现对光的局域。2006 年，他们还进一步地讨论了上述准晶光子晶体激光器的激光特性。S.Kim 等人提出，通过改变 12 重准晶光子晶体对称中心的 1 个空气孔的半径也可以引入点缺陷，从而在中心腔附近产生 4 种局域效果很好的局域模，实验结果证明，损耗最小的六极模的品质因子约为 2000，产生激光的阈值功率低至 0.6 mW。P.Lee 等人提出，利用一个拿去 9 个空气孔的 8 重准晶光子晶体也可以构成微腔激光器，其微腔的局域模也是回音壁模式，其产生激光的阈值仅为 0.5 mW。2006 年，P.Lee 等人提出，拿去 8 重准晶光子晶体高对称中心的 1 个空气孔，并调节最靠近中心的 8 个空气孔的位置，可以形成一个改进的单缺陷微腔，该微腔的局域模也是回音壁模式，而且在正中心的场分布为零，因此，无论高对称中心的空气孔是否存在，都不会影响局域模的分布。实验结果证明，该微腔产生激光所需的阈值功率只有 0.3 mW，品质因子约为 7500。P.Lee 等人还提出，一种缺失 7 个空气孔的 12 重准晶光子晶体构成的微腔激光器的阈值功率甚至低至 0.15 mW，见图 1-18(a)。利用无缺陷局域来实现反馈，虽然激发光频数目较多，衍射斑图像更为复杂，但可以得到非常低的阈值，如由一种无缺陷的 12 重 Stampfli 型光子准晶构成的激光器，其阈值仅为 0.8 mW，见图 1-18(b)。

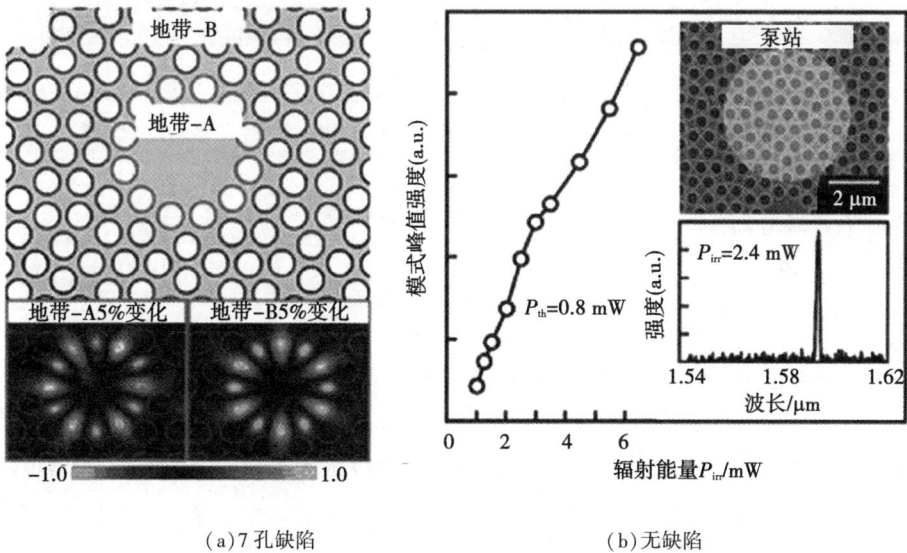

(a)7 孔缺陷   (b)无缺陷

图 1-18 12 重 Stampfli 型光子准晶激光器

1.3.3.5 准晶光子晶体信道下载滤波器

2005 年，爱尔兰 Cork 大学的 Romero-Vivas、德国 Bonn 大学的 Chigrin 和丹麦 COM 研究中心的 Lavrinenko 等人利用波导的导光特性和微腔的选频特性，在 8 重光子准晶中，引入两个直线波导和一个共振腔，构建了一个二维 8 重光子准晶共振型上/下载滤波器，见图 1-19。

对于图 1-19 所给结构，当入射光频率与共振腔频率相同时，光的能量就会从下面的通道转移到上面的通道，见图 1-19(a)；当入射光频率偏离共振腔频率时，光的能量就会一直沿下面的通道传输，见图 1-19(b)。该滤波器具有以下优点：可用低折射率物质来制作；微腔结构无需引入额外材料、改变介质柱尺寸或搀杂其他元件等；通过结构优化，能量传输效率高达 95%，共振腔的 Q 值可达 700。R.C.Gauthier 等人进一步地提出 12 重准晶光子晶体也可用来设计信道下载解复用器。由于无需缺陷就可形成具有多个频率的缺陷图样，因此

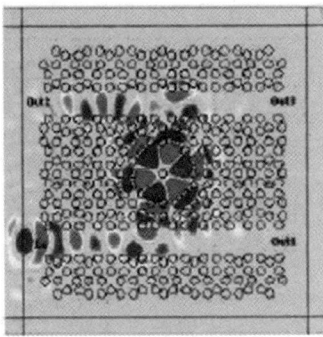

(a)入射光频率与共振腔频率相同的光传输　　(b)入射光频率偏离共振腔频率的光传输

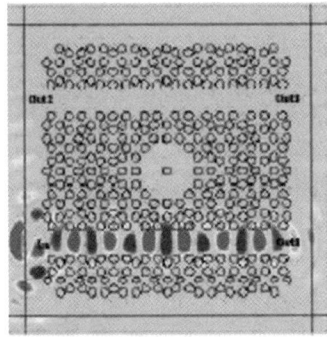

图1-19　8重准晶光子晶体滤波器

信道下载滤波器的共振腔可直接用准晶光子晶体的高对称部分充当。

除了以上应用，二维光子准晶还具有其他应用，如改善 LED 表面出光效率，透镜的聚焦与成像，等等。

1.3.3.6　准晶光子晶体的非线性效应

(1)非线性频率转换。非线性光子晶体是实现准相位匹配，使基频光在整个晶体中进行高效率非线性频率转换的一种比较成熟的方法。目前，准相位匹配已经从一维光子晶体推广到二维光子晶体、一维准周期性光子晶体，并可以在同一光子晶体内实现多波长的频率转换。2005 年，R.Lifshitz 等人提出，利用准晶理论的方法——Bruijin's dual-grid 法的推广模型可以在实空间构造出准晶光子晶体结构，使其满足在空间任意方向、同时对任意组合的频率转换过程的相位匹配，从而实现同时多次谐波的多向输出。他们构造的一种准晶光子晶体结构可以同时在不同方向上产生二次、三次和四次谐波，见图1-20。

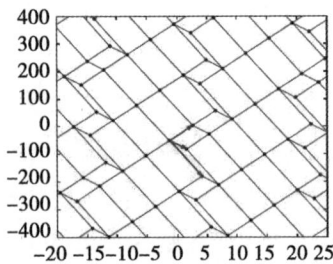

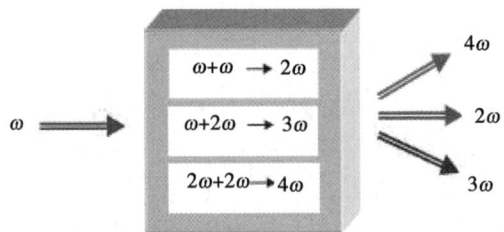

(a)实空间结构图　　　　　　(b)非线性频率转换外观图

图1-20　准晶光子晶体结构图

（2）带隙孤子和孤子列。带隙孤子的概念是 W.Chen 等人于 1987 年最早提出的。随后，S.John 和 N.Akozbek 等人研究了二维和三维非线性光子晶体中的带隙孤子问题，但只在较小介电调制下才有效。而 S.F.Mingaleev 等人指出，在较大介电对比的二维光子晶体中，存在稳定的单带隙孤子。2003 年，P.Xie 等人证明，二维光子晶体中不仅存在单孤子，而且存在双孤子、三孤子和四孤子列；在 12 重准晶光子晶体中，不仅存在中心对称的孤子，而且存在非对称的单孤子和双孤子（见图 1-21），非对称孤子的出现是准晶光子晶体缺乏平移对称性造成的。P.Xie 等人还分析了孤子的变化趋势，随着频率从带隙边缘向中央移动，孤子的空间尺寸逐渐减小，当其小于中心六边形的尺寸时，对称的单孤子消失，非对称的单孤子不消失，双孤子则逐渐分离开。2006 年，B.Freedman 等人通过实验证实了 10 重准晶光子晶体中存在带隙孤子。同年，H.Stakaquchi 和 M.J.Ablowitz 等人分别从理论上证实了在二维准晶光子晶体中存在稳定的带隙孤子。

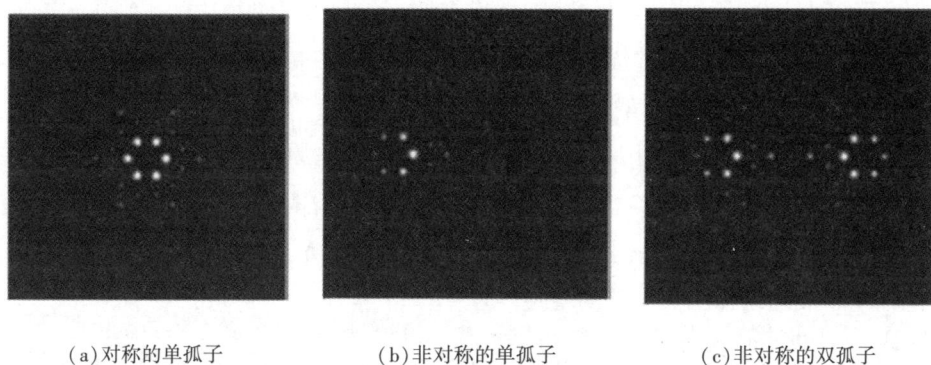

(a) 对称的单孤子　　　　(b) 非对称的单孤子　　　　(c) 非对称的双孤子

图 1-21　12 重准晶光子晶体中的孤子

1.3.3.7　准晶光子晶体 LED

Z.S.Zhang 等人通过实验证实，用氮化镓（GaN）制作的 8 重和 12 重准晶光子晶体也可以起到改进 LED 表面出光效率的作用，而且是光子晶体 LED 发光效率的 1.2 倍和 1.7 倍。由于 12 重准晶光子晶体具有更高的旋转对称性和更好的与入射方向无关的带隙，因此可以把更多的光反射出器件，从而得到更高的 LED 发光效率。从制作的难易程度来看，8 重准晶光子晶体的相邻空气孔之间的距离最近，故加工难度最大；而 12 重准晶光子晶体对加工的要求最低。因此，12 重准晶光子晶体是提高 LED 发光效率的最佳选择。

1.3.3.8 准晶光子晶体负折射

近年来，负折射和左手性物质一直是研究的热点。负折射的概念是由俄国物理学家 Veselago 在 1968 年最早提出的。负折射材料具有一些不同寻常的电磁效应，如电磁波在该介质中传输时，电场、磁场和传播方向之间遵循左手法则，而非遵循通常的右手法则；光在该材料和常规材料的界面发生折射的折射方向与通常情况相反；辐射多普勒频移与常规材料相反，以及 Cherenkov 辐射的逆转等。由于自然界不存在介电系数和磁导率同时为负值的介质，因此负折射效应直到 2000 年左右才在实验上得以证实。

一般来说，可以利用金属开口环谐振腔和单轴各向异性介质实现负折射。但是，在高频波段，特别是光波段，导体的损耗非常大，这就要用到实现负折射的另一种途径——光子晶体。但是，由于受到光子晶体对称度的限制，其色散具有各向异性。为了得到均匀的色散和远场聚焦，需要选用高对称结构来构造平板透镜，准晶光子晶体恰恰满足了这种需求。

2005—2006 年，中国科学院物理研究所光物理重点实验室的 Z.Feng 等人第一次通过实验证实，在高对称的结构——12 重 Stampfli 准晶光子晶体中，同样存在负折射现象，并计算了其光子晶体样品对应的负折射率，而且可以实现远场的亚波长成像，见图 1-22。Z.Feng 等人的实验原理装置与负折射率材料的负折射效应验证装置类似，见图 1-23。其研究组成员进一步地通过数值计算发现：在确定物距的情况下，随着准晶透镜厚度增加，像距也增加，即有力地证明了准晶结构中衰减波的增强。

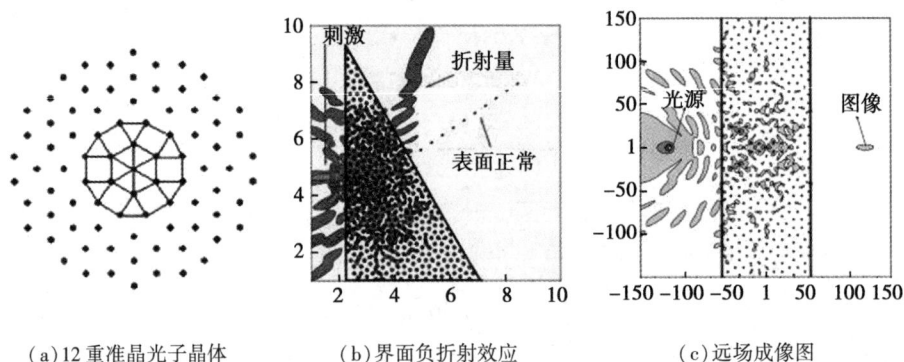

(a)12 重准晶光子晶体　　　(b)界面负折射效应　　　(c)远场成像图

图 1-22　12 重准晶光子晶体负折射

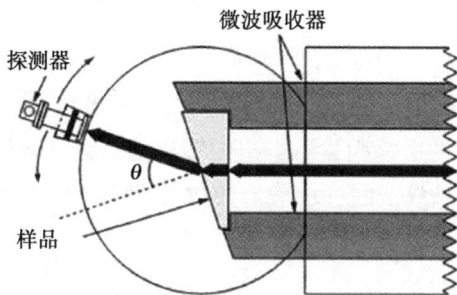

图 1-23　负折射角探测实验装置图

2006—2007 年，北京师范大学的 X.Zhang 等人与中国科学院物理研究所的 Li 等人采用多重散射法计算后发现：利用 8 重、10 重和 12 重 Penrose 型准晶光子晶体平板也可以实现远场聚焦和成像，见图 1-24；还可以用点光源发出的非偏振光在几乎相同的频率实现聚焦，并指出其聚焦成像特性源于光子准晶的高旋转对称性及负折射效应；改变平板厚度，可得到类似的聚焦特性，像质与平板厚度及表面状况有关(此与周期光子晶体类似)。

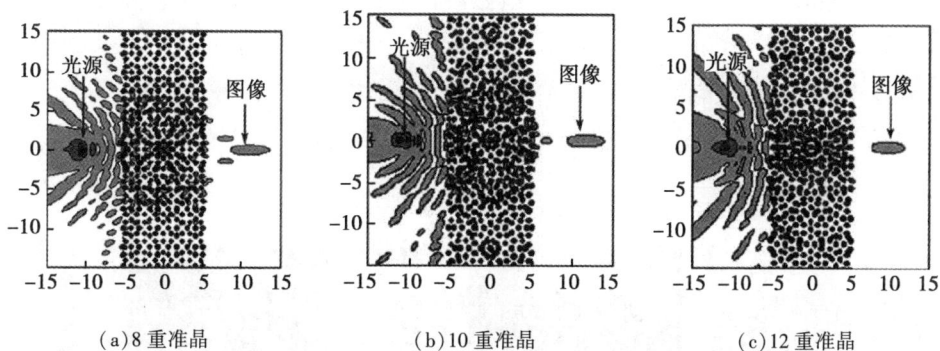

　　(a)8 重准晶　　　　　　　(b)10 重准晶　　　　　　　(c)12 重准晶

图 1-24　准晶光子晶体平板成像图

2007 年，意大利 Naples Federico II 大学物理系的 Gennaro 等人采用二维全波法(基于傅里叶-贝塞尔多极展开)，研究了 12 重 Stampfli 型光子准晶平板厚度(界面状况)、横向宽度及线源离平板表面的切向及法向的位置分别对亚波长聚焦及成像特性的影响。其研究结果显示：① 改变平板厚度[(7~11)a]，即改变其结构对称性或界面状况，将对成像质量产生不利影响，即结构对称性对聚焦及成像起重要作用。② 改变横向宽度[(11~30)a]并不影响线源聚焦与成像。③ 改变线源离平板表面的法向位置，对聚焦影响较小；改变切向位置，对聚焦影响较大。

2008 年，Gennaro 等人通过实验验证了 2005 年中国科学院物理研究所课题组报道的一些结论(如负折射效应的产生及点源聚焦)，并研究了 12 重 Stampfli 型光子准晶聚焦成像的影响因素。得出的结论为：点源聚焦并非等效负折射率的存在，而是光子准晶复杂的近场散射效应及光子准晶中心对称点的短程有序作用。

2008 年，天津大学的 Ren 等人采用时域有限差分法，计算了空气柱型的 12 重 Stampfli 型光子准晶的负折射及非近场成像特性，也发现 TM 模及 TE 模均能聚焦，并分析指出 12 重 Stampfli 型光子准晶负折射聚焦成像特性归因于类 Bloch 态及高度旋转对称性的存在。

2009 年，Ren 等人计算了该光子准晶平板透镜表面截面对电磁波传播及聚焦的影响。其研究结果显示：改变平板透镜表面截面，可调节电磁场在平板后的分布，在适当的截面条件下，方可实现电磁波的会聚，以及高质量的成像，并指出：为实现准晶的超透镜成像，界面参数是必须考虑的一个因素。

2010 年，以色列 Hebrew 大学的 Neve-Oz 等人采用 JCMsuite 软件(德国 JC-Mwave Gmb H 公司开发的用于计算电磁波传输的有限元软件)及有限元法，模拟了 10 重光子准晶的毫米波 TM 模传输特性，设计了一种平凹透镜，见图 1-25，并进一步地分析指出，二维光子准晶负折射透镜的聚焦特性源于：① 光子准晶结构的长程相互作用；② 光子准晶通带中光传输通过局域态时导致的快光效应。

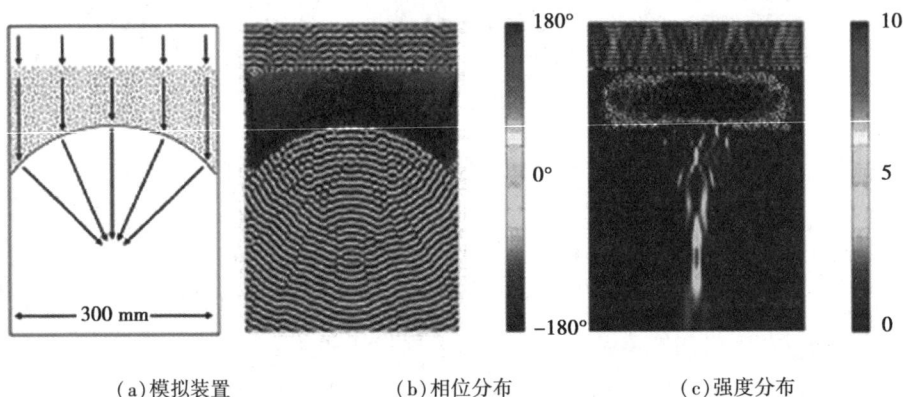

(a)模拟装置   (b)相位分布   (c)强度分布

图 1-25　10 重光子准晶平凹透镜聚焦图

2011 年，Ren 等人又采用时域有限差分法，分析了介质柱型 8 重光子准晶散射子的位置无序度与半径无序度分别对平板透镜聚焦的影响。其研究结果显

示：① 随着散射子位置无序度增加，E 偏振和 H 偏振的像强度逐渐减小，且像
位置不变；当散射子位置无序度超过 $0.045a$ 时，像消失。② 随着散射子半径
无序度增加，E 偏振及 H 偏振的像强度逐渐减小，且像位置不变；当散射子半
径无序度超过 $0.006a$ 时，像消失。③ 相对于位置无序度，半径无序度对点源
聚焦的影响更为敏感。

虽然准晶光子晶体并非在所有性能上都优于光子晶体，但是，它在远场成
像方面的确具有优势。例如，要想利用光子晶体实现远场成像，需引入金属芯；
而准晶光子晶体只需采用纯介质即可。光子晶体在不引入修正的情况下，只能
对某一偏振产生负折射，而不能对非偏振光实现绝对负折射。

◆◇ 1.4 准晶光子晶体制备

目前，光子晶体的结构主要有层状结构、蛋白石结构、反蛋白石结构、矩
形螺旋结构等。除了自然界中存在的少数天然光子晶体结构，如蛋白石和蝴蝶
翅膀等，现有绝大多数的光子晶体结构都是依靠人工方法制备的。人工制备光
子晶体的一般方法是将一种介质材料周期性排列于另一种介电常数不同的介质
中。一维光子晶体的制备相对较为简单，目前应用镀膜工艺可以制备出具有完
全光子带隙的结构。在这方面，我们开展了大量的制备工作，并且工艺成熟、
可重复性好，逐步走向产品化。二维和三维光子晶体的制备与一维光子晶体相
比较为复杂，从最初单一的传统机械加工，到后来的层层叠加法、半导体制造
技术、干涉全息法、胶体自组装和微纳米加工技术等，方法愈发先进，得到的
结构也越来越精细。有关二维和三维光子晶体结构的制备，我们较早掌握的是
传统机械加工法，在胶体自组装方面，主要采用改进的垂直沉积法、流动控制
垂直排列法和毛细辅助沉积法。目前，微纳米加工技术成为制备光子晶体的主
要方法。

随着准晶光子晶体研究的不断深入，其制作也逐渐成为研究的热点。由于
准晶光子晶体与周期性光子晶体都是光子带隙材料，其排列的周期都与波长在
同一量级，差别仅是排列方式不同，因此，许多光子晶体的制备技术都可以借
鉴到准晶光子晶体的制备上。

介质棒或机械钻孔的方法可以用于微波或厘米波段准晶光子晶体的制作；
一些传统的半导体制作技术，如电子束直写技术、电子束刻蚀、离子束刻蚀、

HCl 湿刻蚀技术、聚焦离子束刻蚀等也都已被成功地用于红外和光学波段二维准晶光子晶体的制作。在电子束刻蚀的、具有 Penrose 型图样的模板表面，还可以用直接的自组装法制作二维准晶光子晶体。

1.4.1 全息刻写技术

全息刻写技术具有设计更为自如、制作更为简便、可以大面积制作等优点，因此在制作近红外和可见光量级的、具有旋转对称性的准晶光子晶体方面具有很大优势。全息刻写技术制作 N 重准晶光子晶体有两种方式：一种是两束光多次曝光，需要对样品平板多次旋转；另一种是多束相干光直接汇聚干涉[图1-26(a)]，所需相干光的数目通常与旋转对称度 N 相同，这种方式在制作旋转对称度更高的复杂准晶光子晶体时会有一定的困难。2006 年，Y.Yang 等人提出了改进的单光束全息技术。他们首先利用一个对称的、截去顶端的 N 边形棱镜把入射光分成 N+1 束；然后在棱镜的底部又把 N+1 束光合并，形成干涉图样。其中，中间的一束光直接通过棱镜，其余具有相同相位的 N 束光依次通过侧面和底面。在棱镜上方，还有一个光学掩膜用以调节每一束光的相位、振幅和偏振方向。当这 N+1 束光干涉时，就可以形成三维的准晶光子晶体。当棱镜的顶端面被遮住时，N 束光就可以形成二维的准晶光子晶体，通过光学掩膜调节各束光的相位，还可以形成不同的准晶结构图样，见图 1-26(b)。

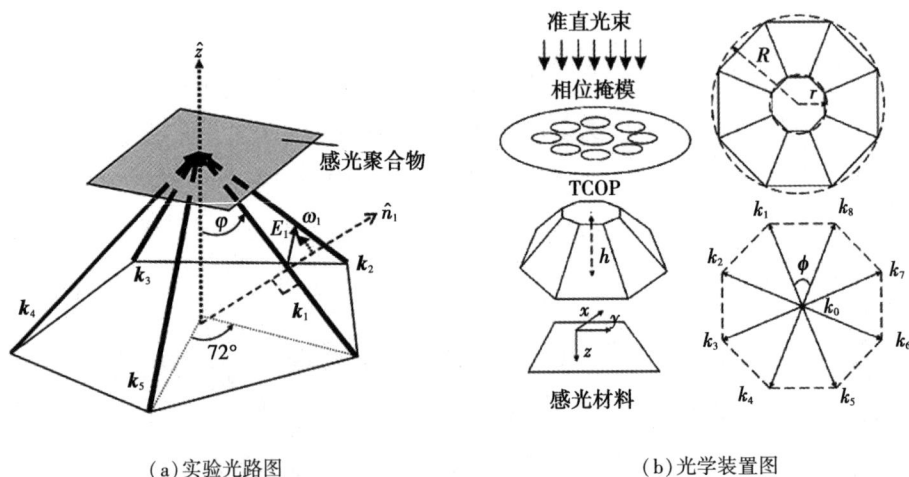

(a)实验光路图　　　　　　　　　　(b)光学装置图

图 1-26　二维 Penrose 准晶光子晶体的多光束干涉的实验光路图和单光束全息制作 8 重准晶光子晶体的光学装置图

1.4.2 电子束刻蚀技术

宁波大学的周俊课题组成员利用电子束刻蚀技术，在聚甲基丙烯酸甲酯基底上制作纳米量级的二维 Thue-Morse 型准周期光子晶体。

准周期结构其实是一种具有自相似性的长程平移对称性的结构。以二维 Thue-Morse 型准周期光子晶体为例，二维 N 阶 Thue-Morse 序列可以被分割成 $2^N \times 2^N$ 个大小相等的单元格，当图形绕其几何中心旋转 90°时，即可与原图重合，见图 1-27 所示。图 1-27(a)中灰色部分表示 AB，白色部分表示 BA，对于准周期光子晶体结构，A 和 B 代表具有不同折射率材料的区域。整个复杂的准周期结构可以由简单基础图形的旋转和复制得到。

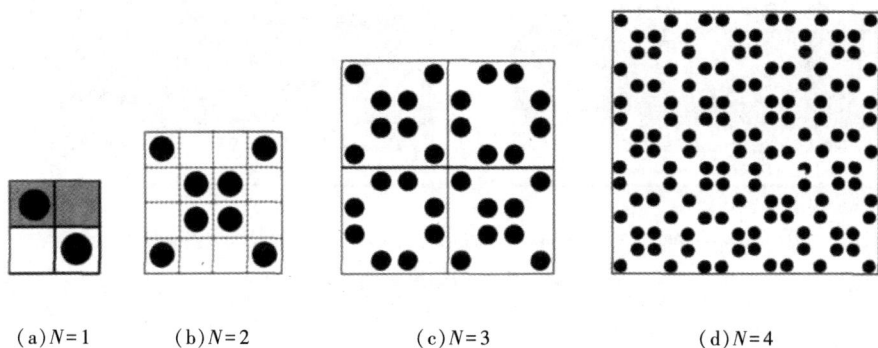

(a)$N=1$ (b)$N=2$ (c)$N=3$ (d)$N=4$

图 1-27 二维 Thue-Morse 序列结构图

在制作过程中，可以按照准周期结构的生成方式，在一系列规则的正方形阵列中，利用电子束刻蚀方法改变特定区域的折射率来实现。该方法主要包括以下五个步骤。

第一步，按照准周期结构的生成方式，首先选定准周期结构的基本单元；然后按照一定的规律得到设计图形的位置矩阵元，并将编码输入电子束刻蚀系统(如德国 Raith150)。

第二步，在一块导电玻璃(一般是 ITO 镀膜玻璃)上，均匀地涂镀一层正性光刻胶聚甲基丙烯酸甲酯作为样品的基底。

第三步，按照设计的矩阵元，将电子束聚焦到样品的基底上，对特定区域进行曝光。

第四步，使用显影液(甲基异丁基甲酮与异丙醇按照 1∶3 配比)进行显影，然后用异丙醇定影。

第五步，用去离子水清洗样品，烘干后即得到二维准周期光子晶体。

周俊等人制作的样品由一系列折射率 $n_a = 1$ 的空气孔镶嵌到折射率 $n_p = 1.49$ 的聚合物聚甲基丙烯酸甲酯基底上组成，基底的厚度为 850 nm，样品的面积为 800 μm^2，空气孔的 $R = 294.2$ nm，相邻两空气孔之间的 $d = 123.4$ nm，其空间分布见图 1-28 所示。图 1-28(a) 是 $N = 10$ 样品的扫描电镜照片，与图 1-28(b) 进行比较，可以清楚地看出样品的结构完全符合 Thue-Morse 型序列的特征。

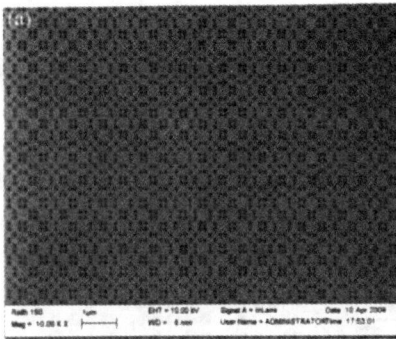

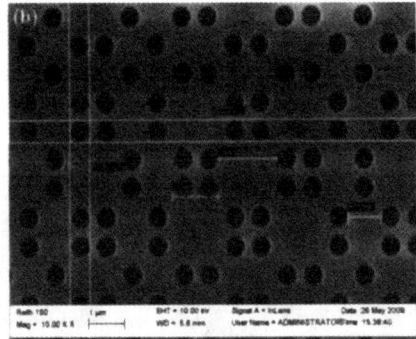

(a) $N = 10$，$R = 294.2$ nm，$d = 123.4$ nm　　　　　(b) 样品的精细结构图

图 1-28　样品的扫描电镜照片

1.4.3　聚焦离子束技术

大多数半导体光子晶体研究主要集中在近红外波段，氮化镓基光子晶体因发射波长短而要求更小的即深亚微米尺度的周期和加工水平，使氮化镓基光子晶体的制备和研究面临更大的挑战。而已有的氮化镓基二维光子晶体大多是采用传统的电子束曝光与干法刻蚀结合的技术研制的，如氮化镓柱的石墨结构光子晶体和刻蚀空气孔的氮化镓三角形晶格结构的光子晶体等，但制备步骤多且工艺复杂，有较大的难度。

聚焦离子束刻蚀可在无需掩膜条件下，在样品上一次完成直写式图形的产生和刻蚀。该微加工技术设计灵活、工艺简单、精度高，是制备深亚微米结构的氮化镓基光子晶体的优选手段之一。

北京大学的张振生等人采用聚焦离子束技术，在氮化镓基发光器件基础上，制备了氮化镓二维 8 重准晶光子晶体结构。在一个蓝宝石衬底上，首先用低压有机金属化学沉积技术，生长一个紫光波段的氮化镓基多量子阱 LED 外延片；然后用传统微加工工艺制作成窄（10 μm）和宽（100 μm）两种特殊的 P 型条形电注入的发光二极管。两种条形电流注入区的电极结构相同，顶部电极都是 100 μm 宽条形接触电极，被分隔成间隙 25 μm 的一系列长 250 μm、宽 100 μm 的条形金属接触电极。在这些电极间隙上，可利用聚焦离子束技术，直接制备准晶光子晶体结构。聚焦离子束刻蚀可采用 FEI DB-235 型电子束-离子束双束纳米技术工作站实现。其中，离子束由液态镓金属源产生，其加速电压固定为 30 kV，电流在 1 pA ~2 nA 可调，主要用于材料刻蚀或材料沉积；制备样品结构可通过电子束组成的高分辨场发射扫描电子显微镜进行观察和监测。电子束与离子束间夹角为 52°，通过切换电子束/离子束模式，可分别将相应的粒子束以设定角度聚焦到样品上。利用上述方法，可分别制备氮化镓基一维光子晶体和各种孔径二维周期性晶体阵列的氮化镓 8 重准晶结构。对于简单形状的图形，如一维光子晶体、三角形晶格等，可直接设计离子束扫描位置和形状；对于准晶结构等一些复杂结构，需要先将位图转换成数据文件，通过对聚焦离子束系统参数的设定来调整聚焦和像散之后，再进行刻蚀。

氮化镓基材料系的刻蚀速率与时间无关，主要取决于聚焦离子束束流的大小。当束流一定时，刻蚀深度与刻蚀时间成正比。实验结果表明，当离子束流在 10~500 pA 变化时，可通过改变放大倍数、扫描区域、离子束流和刻蚀时间等参数来调整刻蚀的孔径、深度和刻蚀区域大小。经过刻蚀条件优化，张振生等人得到了空气填充因子为 10%~40%、直径为 80~1500 nm、深度为 90~370 nm 的氮化镓空气孔二维 8 重准晶光子晶体。图 1-29 为氮化镓基二维 8 重准晶光子晶体的扫描电镜二次电子像。从图 1-29 中可以看出，利用聚焦离子束刻蚀技术制备的准晶光子晶体结构均匀、误差较小，故该技术是制备氮化镓基二维准晶光子晶体的一种便捷手段。

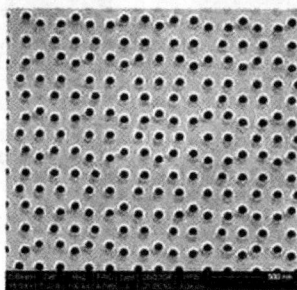

图 1-29 聚焦离子束制备的氮化镓基二维 8 重准晶光子晶体的扫描电镜像

1.4.4 其他制备方法

三维准晶光子晶体的制备也取得了一定进展，如 W.Man 等人采用立体刻蚀技术，成功地制作了厘米量级的三维准晶光子晶体（图 1-30）；Y.Rochiman 等人提出可以用光学捕获的方法在凝胶中对胶质的二氧化硅小球进行控制，从而在一个单层平面上制作出任意排列的二维准晶光子晶体，通过调节轴的位置，还可以形成三维准晶光子晶体，而且该方法可以制作出含有任意缺陷的准晶光子晶体结构（图 1-31）；W.Y.Tam 找到了 20 面准晶光子晶体面心晶格的两组倒基矢，利用这两组具有正确参数的七个波矢的干涉条纹，可能制作出 20 面准晶光子晶体，从而为全息制作可见光波段的三维准晶光子晶体扫清了障碍；2006 年，A.Ledermann 利用激光直写技术和二氧化硅反转技术，成功地制作了三维近红外波段的 20 面准晶光子晶体。

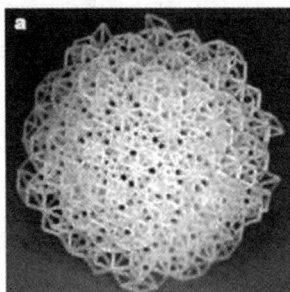

图 1-30 采用立体刻蚀技术制作的三维 20 面准晶光子晶体图

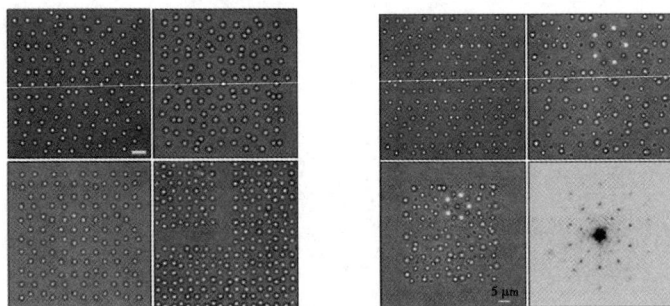

(a)二维准晶光子晶体结构图　　　　(b)三维准晶光子晶体结构图

图 1-31 采用光学捕获法制作的二维和三维准晶光子晶体结构图

此外，B.Freedman 等人还采用光学诱导技术——多光束干涉法制作了非线性准晶光子晶体。2007 年，X.Hu 等人提出一种制作准周期光子晶体的新方法：聚焦在 GaF_2 晶体上的一束飞秒激光照射该晶体后，会在晶体上自动地形成准周期分布的空气孔，并且该方法可能被推广到二维和三维的情况。

2 准晶光子晶体数值分析方法和仿真软件

光子晶体理论是光子晶体技术及应用研究的基础。本章主要介绍准晶光子晶体的数值分析方法和仿真软件。

◆◇ 2.1 数值分析方法

光子晶体结构的复杂性，使人们难以对其作定性或解析分析，因此，对周期性光子晶体和准晶光子晶体的研究都要借助数值模拟。目前，可用于光子晶体研究的计算方法主要有平面波展开法、时域有限差分法、传输矩阵法、N 阶法和多重散射法等。

2.1.1 平面波展开法

平面波展开(plane wave expansion，PWE)法是将电磁场以平面波的形式展开，它应用 Bloch 定理及傅里叶变换，把介电常数和磁场或电场用平面波叠加的形式展开。由此将 Maxwell 方程组化成一个本征方程，求解本征方程，便得到传播光子的本征频率。PWE 法的基本思想是：利用 Bloch 定理，将电磁波和介电常数在倒格矢空间以平面波叠加的形式展开，代入 Maxwell 方程组，并将其转换为一个本征方程，求解该方程的本征值，可以得到光子晶体的能带关系和本征模式的场分布。

由电磁场理论可知，在介电常数呈周期性分布的介质中，电磁场服从 Maxwell 方程。

用复振幅来描绘场，即

$$E(r, t) = E(r) e^{j\omega t} \tag{2-1}$$

$$H(r, t) = H(r) e^{j\omega t} \tag{2-2}$$

式中，ω 为振荡频率。利用 $\partial/\partial t \to j\omega$，同时将

$$\boldsymbol{D}(r, t) = \varepsilon_0 \varepsilon(r, t) \boldsymbol{E}(r, t) \tag{2-3}$$

$$\boldsymbol{B}(r, t) = \mu_0 \boldsymbol{H}(r, t) \tag{2-4}$$

代入 Maxwell 方程组，得

$$\begin{cases} \nabla \cdot \varepsilon(r) \boldsymbol{E}(r) = 0 \\ \nabla \cdot \boldsymbol{H}(r) = 0 \\ \nabla \times \boldsymbol{H}(r) = j\omega \, \varepsilon_0 \varepsilon(r) \boldsymbol{E}(r, t) \\ \nabla \times \boldsymbol{E}(r) = -j\omega \, \mu_0 \boldsymbol{H}(r, t) \end{cases} \tag{2-5}$$

$\boldsymbol{H}$ 是连续的，但介电常数 $[\varepsilon(r)]$ 的不连续变化必然引起 $\boldsymbol{E}$ 的不连续变化。基于这一点，对于 $\boldsymbol{H}$，则有

$$\nabla \times \frac{1}{\varepsilon(r)} \nabla \times \boldsymbol{H}(r) = \left(\frac{\omega}{c}\right)^2 \boldsymbol{H}(r, t) \tag{2-6}$$

在周期结构中，由 Bloch 定理，有

$$\begin{cases} \boldsymbol{H}(r) = e^{ik \cdot r} h(r) \boldsymbol{e}_k \\ h(r+\boldsymbol{R}) = h(r) \end{cases} \tag{2-7}$$

式中：$\boldsymbol{R} = m_1 \boldsymbol{a}_1 + m_2 \boldsymbol{a}_2$ 为格矢，其中，m_1 和 m_2 为任意整数，$\boldsymbol{a}_1$ 和 $\boldsymbol{a}_2$ 为周期结构各自的基矢；$\boldsymbol{e}_k$ 为垂直于波矢 $\boldsymbol{k}$ 且平行于 $\boldsymbol{H}$ 的单位矢量。

周期性函数 $\varepsilon(r)$ 和 $h(r)$ 可展开成傅里叶级数：

$$\begin{cases} \varepsilon(r) = \sum_{G_i} \varepsilon(\boldsymbol{G}_i) \, e^{i\boldsymbol{G} \cdot r} \\ \varepsilon^{-1}(r) = \sum_{G_i} \varepsilon^{-1}(\boldsymbol{G}_i) \, e^{i\boldsymbol{G} \cdot r} \\ h(r) = \sum_{G_i} h(\boldsymbol{G}_i) \, e^{i\boldsymbol{G} \cdot r} \end{cases} \tag{2-8}$$

将式(2-8)代入式(2-7)，得

$$\boldsymbol{H}(r) = \boldsymbol{e}_k e^{ik \cdot r} \sum_{G_i} h(\boldsymbol{G}_i) e^{i\boldsymbol{G} \cdot r} = \sum_{G_i, \lambda} h(\boldsymbol{G}_i, \lambda) e^{i(k+G_i) \cdot r} \boldsymbol{e}_{\lambda, k+G_i} \tag{2-9}$$

式中：$\boldsymbol{G}_i$ 为倒格矢；$\boldsymbol{e}_\lambda$ 为垂直于 $\boldsymbol{k}+\boldsymbol{G}_i$ 两个方向的矢量。将式(2-9)和式(2-8)代入式(2-7)，得

$$\nabla \times \sum_{G_i} \varepsilon^{-1}(\boldsymbol{G}_i) e^{i\boldsymbol{G} \cdot r} \nabla \times \sum_{G_i, \lambda} h(\boldsymbol{G}_i, \lambda) e^{i(k+G_i) \cdot r} \boldsymbol{e}_{\lambda, k+G_i}$$

$$= \left(\frac{\omega}{c}\right)^2 \sum_{G_i, \lambda} h(\boldsymbol{G}_i, \lambda) e^{i(k+G_i) \cdot r} \boldsymbol{e}_{\lambda, k+G_i} \tag{2-10}$$

将第二个$\nabla\times$移入求和中，式(2-10)可以化为

$$\nabla\times\sum_{G_i}\varepsilon^{-1}(G_i)e^{iG\cdot r}\sum_{G_i,\lambda}h(G_i,\lambda)\nabla\times e^{i(k+G_i)\cdot r}e_{\lambda,k+G_i}$$

$$=\left(\frac{\omega}{c}\right)^2\sum_{G_i,\lambda}h(G_i,\lambda)e^{i(k+G_i)\cdot r}e_{\lambda,k+G_i} \tag{2-11}$$

由矢量公式

$$\nabla\times uA=\nabla u\times A+u\nabla\times A \tag{2-12}$$

同时考虑$e_{\lambda,k+G_i}$与r无关，因此，式(2-11)可以化为

$$\nabla\times\sum_{G_i}\varepsilon^{-1}(G_i)e^{iG\cdot r}\sum_{G_i,\lambda}h(G_i,\lambda)\nabla e^{i(k+G_i)\cdot r}\times e_{\lambda,k+G_i}$$

$$=\left(\frac{\omega}{c}\right)^2\sum_{G_i,\lambda}h(G_i,\lambda)e^{i(k+G_i)\cdot r}e_{\lambda,k+G_i} \tag{2-13}$$

对于平面波，有

$$\nabla e^{i(k+G_i)\cdot r}=i(k+G_i)e^{i(k+G_i)\cdot r} \tag{2-14}$$

则式(2-13)可以转化为

$$\nabla\times\sum_{G_i}\sum_{G_i'}\varepsilon^{-1}(G_i)e^{iG\cdot r}\sum_{G_i,\lambda}h(G_i,\lambda)\nabla e^{i(k+G_i)\cdot r}i(k+G_i)\times e_{\lambda,k+G_i}$$

$$=\left(\frac{\omega}{c}\right)^2\sum_{G_i,\lambda}h(G_i,\lambda)e^{i(k+G_i)\cdot r}e_{\lambda,k+G_i} \tag{2-15}$$

再将$\nabla\times$移入求和中，并做等量代换$G_i+G_i'\rightarrow G_i'$，则式(2-15)可以转化为

$$\sum_{G_i,\lambda}\sum_{G_i'-G_i}h(G_i,\lambda)\varepsilon^{-1}(G_i'-G_i)\nabla\times[e^{i(k+G_i)\cdot r}i(k+G_i)\times e_{\lambda,k+G_i}]$$

$$=\left(\frac{\omega}{c}\right)^2\sum_{G_i,\lambda}h(G_i,\lambda)e^{i(k+G_i)\cdot r}e_{\lambda,k+G_i} \tag{2-16}$$

利用$\nabla\rightarrow ik$，有

$$\sum_{G_i,\lambda}\sum_{G_i'-G_i}h(G_i,\lambda)\varepsilon^{-1}(G_i'-G_i)e^{i(k+G_i)\cdot r}i(k+G_i')\times[i(k+G_i)\times e_{\lambda,k+G_i}]$$

$$=\left(\frac{\omega}{c}\right)^2\sum_{G_i,\lambda}h(G_i,\lambda)e^{i(k+G_i)\cdot r}e_{\lambda,k+G_i} \tag{2-17}$$

且

$$i(k+G_i')\times[i(k+G_i)\times e_{\lambda,k+G_i}]=[(k+G_i)\times e_{\lambda,k+G_i}]\times(k+G_i') \tag{2-18}$$

由于$k\cdot H=0$，从而有

$$\sum[(k+G_i)(k+G_i)\times e_{\lambda,k+G_i}]\times(k+G_i')$$

$$=\{[(k+G_i)\times e_{\lambda,k+G_i}]\cdot[(k+G_i')\times e_{\lambda,k+G_i'}]\}e_{\lambda,k+G_i'} \tag{2-19}$$

考察等式两边, 同幂项相等, 得

$$\sum_{G'_i, \lambda'} \left[(k+G_i) \times e_\lambda \right] \cdot \left[(k+G'_i) \times e_{\lambda'} \right] \varepsilon^{-1}(G-G')h(G', \lambda') = \left(\frac{\omega}{c}\right)^2 h(G, \lambda)$$

(2-20)

式中: $\lambda = 1, 2$。式(2-20)等价于

$$\sum_{G'_i} \varepsilon^{-1}(G-G') \mid k+G \mid \mid k+G' \mid \begin{pmatrix} e_2 \cdot e'_2 & -e_2 \cdot e'_2 \\ -e_2 \cdot e'_2 & e_1 \cdot e'_1 \end{pmatrix} \begin{pmatrix} h'_1 \\ h'_2 \end{pmatrix} = \left(\frac{\omega}{c}\right)^2 \begin{pmatrix} h_1 \\ h_2 \end{pmatrix}$$

(2-21)

若取平面波的个数为 n, 则式(2-21)是一个典型的求解 $2n \times 2n$ 矩阵特征值问题。求解该特征方程, 可以得到对于特定波矢 K 的一系列特征值, 进而可以得到光子晶体的能带结构及本征电磁场在空间的分布。

该方法是在光子晶体能带研究中用得比较早和用得最多的一种方法, 是将电磁场在倒格矢空间以平面波叠加的形式展开, 把 Maxwell 方程组化成一个本征方程, 求解本征值, 便得到传播的光子的本征频率。该方法可以用来分析光子晶体局域和光子晶体波导的本征模, 还能够分析色散和各向异性材料构成的光子晶体的特性。但是, 这种方法有明显的缺点: 计算量与平面波的波数有很大关系, 几乎正比于所用波数的立方, 因此会受到较严格的约束, 对某些情况显得无能为力。例如, 当光子晶体结构复杂或处理有缺陷的体系时, 需要大量的平面波, 可能因为计算能力的限制而不能计算或者难以准确计算。另外, 如果介电常数不是恒值, 而是随着频率变化, 那么就没有一个确定的本征方程形式, 而且有可能在展开过程中出现发散, 导致根本无法求解。

2.1.2 时域有限差分法

通常, 计算光子晶体带结构的主要方法是时域分析法和频域分析法。对于在传输方向具有周期性的晶体结构, 采用 PWE 法可以在有限的时间内得到比较准确的能带结构, 但是, 准晶结构的光子晶体在传输方向上不是周期性结构, 对于这种结构, 如果再采用 PWE 法来计算, 所需的计算时间和内存都非常大, 不切实际。但是, 采用完美匹配层边界条件的时域有限差分法适用于各种计算。

时域有限差分(the finite-difference time-domain, FDTD)法最早由 K.Yee 在 1966 年提出。该方法是利用有限差分法对含时的 Maxwell 方程进行直接求解, 在计算过程中, 将空间某一点的电磁场与周围格点的电磁场直接关联, 而且介

质参数已经赋值给空间的每个原胞,因此,FDTD 法可以处理形状复杂的目标和非均匀介质物体的电磁场的散射和辐射等问题。不仅如此,该方法还可以方便地给出电磁场的时间演化过程,并在计算机上给予显示,因此,可以清楚地显示物理过程,便于分析和设计。

适合周期性光子晶体和准晶光子晶体的 Maxwell 方程如方程(2-22)和(2-23)所示:

$$\nabla \times \left[\frac{1}{\varepsilon(r)} \nabla \times \boldsymbol{H}(r) \right] = \left(\frac{\omega}{c} \right)^2 \boldsymbol{H}(r) \tag{2-22}$$

$$\boldsymbol{E}(r) = \frac{-ic}{\omega \varepsilon(r)} \times \nabla \times \boldsymbol{H}(r) \tag{2-23}$$

其中,电介质张量 $\varepsilon(r) = \varepsilon(r+R)$ 是与基本变换所产生的晶格矢量有关的周期性变化的函数,ω 为光波的角频率,c 为光速,$\nabla \cdot \boldsymbol{H}(r) = 0$。

其中采用了如下近似:① 假设电磁场足够小,故仅需考虑线性问题;② 电介质各向同性,故 ε 可以看作常量;③ 忽略 ε 与光频率之间的关系,故 ε 在我们所考虑的频率范围内可以看作常量;④ 考虑无损耗的电介质,故 ε 是一个纯实数;⑤ 电介质没有磁性,故其中没有电流或电荷。因此,方程(2-22)和方程(2-23)是一个与空间坐标有关的、包含 $\varepsilon(r)$ 的方程。

在直角坐标系中,$\boldsymbol{E} = E_x \boldsymbol{i} + E_y \boldsymbol{j} + E_z \boldsymbol{k}$,$\boldsymbol{H} = H_x \boldsymbol{i} + H_y \boldsymbol{j} + H_z \boldsymbol{k}$,其中,$\boldsymbol{i}$,$\boldsymbol{j}$,$\boldsymbol{k}$ 分别是 x,y,z 三个坐标上的单位矢量;这样,方程(2-22)和方程(2-23)可以展开为如下六个标量方程:

$$\frac{\partial H_z}{\partial y} - \frac{\partial H_y}{\partial z} = \varepsilon \frac{\partial E_x}{\partial t} \tag{2-24}$$

$$\frac{\partial H_x}{\partial z} - \frac{\partial H_z}{\partial x} = \varepsilon \frac{\partial E_y}{\partial t} \tag{2-25}$$

$$\frac{\partial H_y}{\partial x} - \frac{\partial H_x}{\partial y} = \varepsilon \frac{\partial E_z}{\partial t} \tag{2-26}$$

$$\frac{\partial E_y}{\partial z} - \frac{\partial E_z}{\partial y} = \mu_0 \frac{\partial H_x}{\partial t} \tag{2-27}$$

$$\frac{\partial E_z}{\partial x} - \frac{\partial E_x}{\partial z} = \mu_0 \frac{\partial H_y}{\partial t} \tag{2-28}$$

$$\frac{\partial E_x}{\partial y} - \frac{\partial E_y}{\partial x} = \mu_0 \frac{\partial H_z}{\partial t} \tag{2-29}$$

这样，上述六个方程构成了完整的三维光子晶体问题。

采用 FDTD 法，对方程(2-22)和方程(2-23)进行求解的具体做法是：首先，将 Maxwell 方程展开成标量场的方程组，并用数值差商代替微商，将连续的空间和时间问题离散化，从而得到标量场分量的差分方程组；其次，根据数值色散关系和光波长的大小来确定空间步长，进而沿坐标轴方向用该步长将所研究的目标分成许多 Yee 氏网格，并利用空间步长和时间步长所满足的数值稳定性条件求出时间步长；再次，求出每一个网格的有效介电常数；最后，将空间步长、时间步长及每一个格点上的介电张量元代入相应的离散方程，可以得到电磁场随着传输距离的变化。

利用 FDTD 法求解 Maxwell 方程时，需要对该方程进行离散化，也就是要在包含时间的四维空间中建立合适的网格剖分体系。通常，采用著名的 Yee 氏网格(也称 Yee 氏原胞法)对 Maxwell 方程在时间和空间上进行离散化。图 2-1 给出了直角坐标系中 Yee 氏网格的体系图。

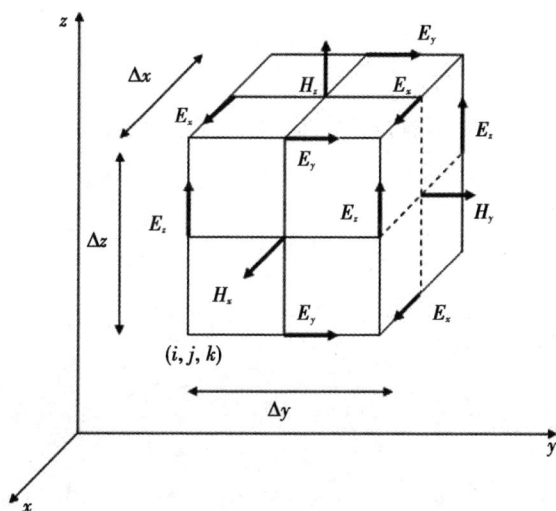

图 2-1　电磁场分量在网格空间离散点分布图

从图 2-1 可以清楚地看到，电磁场的各个分量在空间的取值点被交叉放置，这使得每个磁场分量被四个电场分量环绕，同时每个电场分量又被四个磁场分量环绕。这种电磁场分量在空间的取样方式不仅符合法拉第电磁感应定律和安培环路定律的自然结构，而且适合 Maxwell 方程的差分计算，能够恰当地描述电磁场在空间传播的规律。除此之外，电场和磁场在空间上还是交替取样的，而且取样的时间彼此相隔半个时间步长，这使得离散后的 Maxwell 方程呈现显式，从而可以在时间上直接进行迭代求解，而无需矩阵求逆。因此，利用给定的初始值和边界条件，可以利用 FDTD 法逐步求得各个时刻空间电磁场的分布。

利用 Yee 氏网格，用数值差商代替上述方程中的导数，可以将连续的微分方程离散化，从而得到 Maxwell 方程的差分形式：

$$E_x^{n+1}(i+1/2, j, k) = E_x^n(i+1/2, j, k) +$$

$$\frac{\Delta t}{\varepsilon(i+1/2, j, k)\Delta y}[H_z^{n+1/2}(i+1/2, j+1/2, k) - H_z^{n+1/2}(i+1/2, j-1/2, k)] -$$

$$\frac{\Delta t}{\varepsilon(i+1/2, j, k)\Delta z}[H_y^{n+1/2}(i+1/2, j, k+1/2) - H_y^{n+1/2}(i+1/2, j, k-1/2)]$$

$$(2-30)$$

$$E_y^{n+1}(i, j+1/2, k) = E_y^n(i, j+1/2, k) +$$

$$\frac{\Delta t}{\varepsilon(i, j+1/2, k)\Delta z}[H_x^{n+1/2}(i, j+1/2, k+1/2) - H_x^{n+1/2}(i, j+1/2, k-1/2)] -$$

$$\frac{\Delta t}{\varepsilon(i, j+1/2, k)\Delta x}[H_z^{n+1/2}(i+1/2, j+1/2, k) - H_z^{n+1/2}(i-1/2, j+1/2, k)]$$

$$(2-31)$$

$$E_z^{n+1}(i, j, k+1/2) = E_z^n(i, j, k+1/2) +$$

$$\frac{\Delta t}{\varepsilon(i, j, k+1/2)\Delta x}[H_y^{n+1/2}(i+1/2, j, k+1/2) - H_y^{n+1/2}(i-1/2, j, k+1/2)] -$$

$$\frac{\Delta t}{\varepsilon(i, j+1/2, k)\Delta y}[H_x^{n+1/2}(i, j+1/2, k+1/2) - H_x^{n+1/2}(i, j-1/2, k+1/2)]$$

$$(2-32)$$

$$H_x^{n+1/2}(i, j+1/2, k+1/2) = H_x^{n-1/2}(i, j+1/2, k+1/2) +$$

$$\frac{\Delta t}{\mu_0\Delta z}[E_y^n(i, j+1/2, k+1) - E_y^n(i, j+1/2, k)] -$$

$$\frac{\Delta t}{\mu_0\Delta y}[E_z^n(i, j+1, k+1/2) - E_z^n(i, j, k+1/2)]$$

$$(2-33)$$

$$H_y^{n+1/2}(i+1/2, j, k+1/2) = H_y^{n-1/2}(i+1/2, j, k+1/2) +$$

$$\frac{\Delta t}{\mu_0 \Delta x}[E_z^n(i+1, j, k+1/2) - E_z^n(i, j+1/2, k+1/2)] -$$

$$\frac{\Delta t}{\mu_0 \Delta z}[E_x^n(i+1/2, j, k+1) - E_x^n(i+1/2, j, k)] \tag{2-34}$$

$$H_z^{n+1/2}(i+1/2, j+1/2, k) = H_z^{n-1/2}(i+1/2, j+1/2, k) +$$

$$\frac{\Delta t}{\mu_0 \Delta y}[E_x^n(i+1/2, j+1, k) - E_x^n(i+1/2, j, k)] -$$

$$\frac{\Delta t}{\mu_0 \Delta x}[E_y^n(i+1, j+1/2, k) - E_z^n(i, j+1/2, k)] \tag{2-35}$$

其中，场分量 $E_x^{n+1}(i+1/2, j, k)$ 表示点 $(i+1/2, j, k)$ 在第 $n+1$ 个时间步长时的电场分量 E_x 的值，其余电磁场分量表示类似的值；$\varepsilon(i+1/2, j, k)$ 表示点 $(i+1/2, j, k)$ 处的有效介电常数，该值由体积投影的权重来确定。

空间离散步长 Δx，Δy，Δz 的大小一般取为波长的十分之一或二十分之一，而波长一般选择电磁波在较大的电介质中传输的波长为参考对象。这个空间步长将光子晶体沿坐标轴方向分成许多 Yee 氏网格单元，进一步地利用空间步长和时间步长所满足的数值稳定性条件

$$\Delta t \leqslant \frac{1}{c(\Delta x^2 + \Delta z^2)^{1/2}} \tag{2-36}$$

可以得到相应的时间步长。然后，求出每一个网格点的有效介电常数，将空间步长、时间步长及每一个格点上的介电张量元代入相应的离散方程，可以得到电磁场随着传输距离的变化。

在数值模拟中，通常所考虑的区域是有限的，而且计算机的存储空间和计算速度也是有限的，因此，我们所处理的问题是有限空间的或者说是有边界的。但是，FDTD 法假定空间无限大，这就出现了矛盾。要解决该矛盾，就要对边界做一定的处理，使得朝边界方向传播的电磁波在边界处保持外向行进的特征，而无明显的反射，从而使有限空间和无限空间等效。把具有这种特征的边界条件称为吸收边界条件。吸收边界条件最初是简单的插值边界，后来广泛采用 Mur 吸收边界，现在广泛采用的是完美匹配层边界条件，其吸收效果越来越好。因此，完美匹配层边界条件是目前最有效的一种吸收边界条件。该边界条件是在 FDTD 区域截断边界处设置一种特殊的介质层，该层介质的波阻抗与相邻介

质波阻抗完全匹配，故入射波将无反射地穿过分界面进入该介质层，由于该层介质是有损耗的，因此进入该层的透射波迅速衰减，即使该层厚度有限，也可以起到很好的吸收效果。本书采用完美匹配层边界条件。

当用 FDTD 法分析电磁波在光子晶体中的传播问题时，还需要有激励源。本书中采用高斯脉冲光束作为激励源。由于脉冲波源的频谱具有一定的带宽，因此，经过一次时域计算，可以得到很大频率范围的结果。

2.1.3 传输矩阵法

传输矩阵法(transfer matrix method，TMM)又称特征矩阵法或转移矩阵法。其基本思想是：将整个系统分成多层来处理，每层内部都具有周期性，相邻两层空间的场强关系可以用一个传输矩阵来表示。利用传输矩阵，从一个层面上的场可以外推到整个光子晶体空间的场分布，从而将 Maxwell 方程组变成本征值求解问题。TMM 是把电场或磁场在实空间格点位置展开，将 Maxwell 方程组化成传输矩阵形式，由此将 Maxwell 方程组的求解问题变成本征值的求解问题。转移矩阵表示一层格点场强与相邻另一层格点场强的关系，它假设在构成的空间中同一个格点层上有相同的态和频率，这样，从一个格点层上的场可以外推出整个光子晶体空间的场分布。

电磁波在分层介质中的传输特性可以用传输矩阵表示。由 Maxwell 方程组得到在第 j 层的电场 $E_j(z, \omega)$ 满足

$$E_j(z, \omega) = E_{+j}(\omega)\exp[\mathrm{i}k_j(z-z_j)] + E_{-j}(\omega)\exp[-\mathrm{i}k_j(z-z_j)] \quad (2\text{-}37)$$

式中：z_j 为界面左边；$k_j = \pm\dfrac{\omega}{c}\sqrt{\varepsilon_j\mu_j}$，其中 ε_j，μ_j 分别为第 j 层的相对介电常量和相对磁导率。对于正折射率材料 k_j 取 +，而对于负折射率材料 k_j 取 -。

电磁场可以由二分量波函数表示，即

$$\varphi_j(z, \omega) = \begin{pmatrix} E_j(z, \omega) \\ \mathrm{i}cB_j(z, \omega) \end{pmatrix} \quad (2\text{-}38)$$

故电磁场满足以下矩阵关系，即

$$\varphi_j(z+\Delta z, \omega) = M_j(\Delta z, \omega)\varphi_j(z, \omega) \quad (2\text{-}39)$$

式中

$$M_j(\Delta z,\,\omega) = \begin{pmatrix} \cos[k_j\Delta z] & -\dfrac{1}{n_j}\sin[k_j\Delta z] \\ n_j\sin[k_j\Delta z] & \cos[k_j\Delta z] \end{pmatrix} \qquad (2\text{-}40)$$

由于跨过界面连续，因此在任何位置 z、$\varphi(z,\,\omega)$ 和 $\varphi(z_0,\,\omega)$ 满足

$$\varphi(z_j+\Delta z,\,\omega) = M(z_j+\Delta z,\,\omega)\varphi(z_0,\,\omega) \qquad (2\text{-}41)$$

式中

$$M(z_j,\,\omega) = M_j(\Delta z,\,\omega)\prod_{i=1}^{j-1}M_i(d_i,\,\omega) \qquad (2\text{-}42)$$

可得透射系数

$$t(\omega) = \frac{E_t(z_N,\,\omega)}{E_i(0,\,\omega)} = \frac{2}{[x_{22}(\omega)+x_{11}(\omega)]+\mathrm{i}[x_{12}(\omega)-x_{21}(\omega)]} \qquad (2\text{-}43)$$

则透射率 $T = |t(\omega)|^2$。

传输矩阵表示一层(面)格点的场强与紧邻的另一层(面)格点场强的关系，它假设在构成的空间中，在同一个格点层(面)上有相同的态和相同的频率，这样可以利用 Maxwell 方程组，将场从一个位置外推到整个晶体空间。利用TMM，不但可以计算光子晶体的色散曲线，而且可以计算有限厚度光子晶体的反射和传输曲线。与 PWE 法相比，TMM 的计算量低，适合计算具有复介电常数、色散或金属材料组成的光子晶体。TMM 的缺点是在计算中有可能由于态密较低而出现赝带隙。这种方法对介电常数随着频率变化的金属系统特别有效，其优点是与 PWE 法相比，计算量大大降低，精确度好；缺点是不易直观理解。但是用该方法求解电磁场的分布较为麻烦，效率不是很高。

2.1.4　N 阶法

N 阶(Order-N)法是引自电子能带理论紧束缚近似中的一种方法。N 阶法的优点是最省时，缺点是不便于计算金属及损耗材料的光子晶体能带。其基本思想是：从定义初始时间的一组场强出发，根据布里渊区的边界周期性条件，利用 Maxwell 方程组，可以求得场强随着时间的变化，从而解得系统的能带结构。N 阶法由 FDTD 法发展而来。首先定义初始时刻的一组场分布，然后根据周期性边界条件，利用 Maxwell 方程组，可以求得场强随着时间的变化，从而最终解得光子晶体的能带结构。这种方法通过傅里叶变换，先将 Maxwell 方程组变换到倒空间，用差分形式简约方程组；再做傅里叶变换，又将其变回到实空

间，得到一组被简化的时域有限差分方程，从而大大地减少了计算量。这样，原方程就可以通过一系列在空间和时间上都离散了的格点之间的关系来描述，计算量大大降低，只与组成系统的独立分量的数目 N 成正比。当计算有单点缺陷、多点缺陷、线缺陷以至表面态的光子晶体能带时，可以用超元胞法进行 PWE。当光子晶体中有多种缺陷时，可采用格林函数法。

2.1.5　多重散射法

多重散射法将具有光子带隙结构的光子晶体作为散射体置于开放系统中，当电磁波与散射体相互作用时，研究目标的散射、吸收和透入特性等。入射电磁波与物体作用要产生散射波，散射波与入射波之和满足媒质不连续面上切向分量连续的边界条件，因此，在物体所在区域直接计算入射波和散射波之和的总场更为方便。将电磁场量分别做一阶贝塞尔函数展开，由于 Maxwell 方程是线性的，因此总场、散射场及入射场分别满足 Maxwell 方程，于是，通过求解展开系数，可以求出散射振幅、传输系数等。这种方法对于求解某些特殊问题的效果是非常好的。

引入缺陷的光子晶体在激光或光学回路中有广泛的应用，当计算有单点缺陷、多点缺陷、线缺陷以至表面态的光子晶体能带时，可以用超元胞法进行 PWE；当混有多种缺陷时，可采用格林函数法。上述理论计算方法各有优缺点，可根据实际情况来选择合适的方法。

◆ 2.2　典型仿真软件

2.2.1　F2P 软件

F2P 主要采用的方法是在时域中用有限差分法求解 Maxwell 方程组，很容易模拟电磁波的传输，并计算电磁波的透射和反射频谱响应。在运行 F2P 程序前，需要编写光子晶体的输入文件，主要包括仿真的基本参数、计算区域的杂质、波源和探测器等信息。

程序运算结束后，首先探测器将数据保存在 .dat 文件中；然后可通过编写 MATLAB 程序获得光在光子晶体中的传输特性，得到光子晶体透射谱；最后根据需要修改光子晶体的参数。

2.2.2 Rsoft 软件

Rsoft 是一款非常实用的光子带隙设计工具，其中包含了 BPM，FDTD，FEM 等多种算法，使得它能够适用于各种场合，支持多种二维、三维光子晶体设计。

在运行该软件前，应首先在 CAD 绘图界面中绘制出相应的光子晶体结构图(见图 2-2 所示)，并设置其详细结构参数及仿真参数(见图 2-3 所示)。

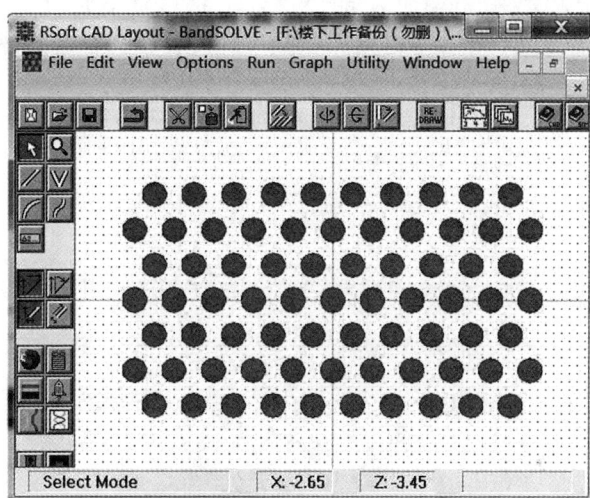

图 2-2　Rsoft 软件中的 FullWAVE 界面

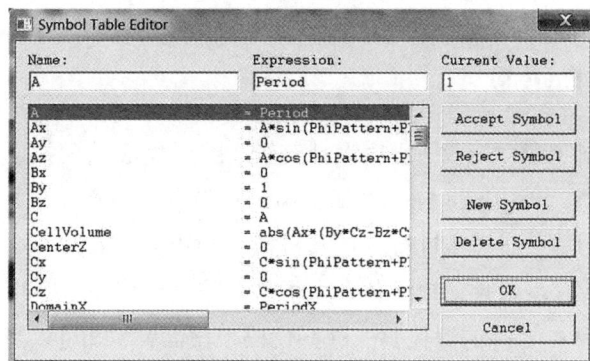

图 2-3　仿真参数设计界面

仿真结束后，探测器接收到的数据会被存储在.dat 文件中，使用 MATLAB 编程，便可轻松地获得光子晶体后向散射波分辨率等图形。

2.2.3　PhotoDesign 软件

PhotoDesign 是一套业界公认的优秀光子、光通信、波导光学系列软件，被广泛地用于光纤通信系统设计和光子器件设计，见图 2-4。其功能强大，包含 FIMMWAVE、FIMMPROP 双向光学传播工具、Crystalwave 光子晶体设计工具、Picwave 光子 IC 电路仿真、分级光栅、光子器件、光子仿真、异质结构激光二极管模块等。其中，Crystalwave 光子晶体设计工具具有专业的 2D 和 3D FDTD/FETD 引擎、高速 FETD 引擎、RCWA 引擎，可以轻松地创建任意形状的晶格，且晶格编辑数量高达 1 万多个。

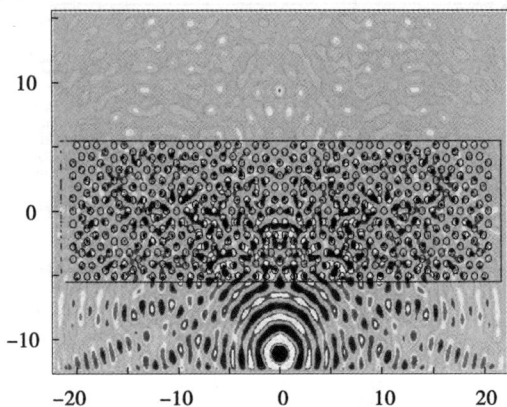

图 2-4　Crystalwave 软件运行界面

2.2.4　MATLAB 软件

MATLAB 具备科学运算、程序设计流程、图形生成及模拟、与其他程序和语言接口的功能。其中 Simulink 是基于 MATLAB 核心的数值、图形、编程功能的一个块状图界面，对模型进行分析和模拟。利用 MATLAB 的编译器、C/C++数学库和图形库，可以自动地将包含光子晶体数值计算和图形的 MATLAB 语言的源程序转换为 C/C++的源代码。这些代码根据需要，既可以当作子模块嵌入大的应用程序中，也可以作为一个独立的程序脱离环境单独运行。这样，把一些复杂的物理现象通过 MATLAB 模拟出来，并生成可以执行的程序。高质量的图形生成及模拟可以完成二维、三维光子晶体数据图示、图像处理、动画生成、图形显示等功能。

MATLAB 软件的基本部分包括矩阵的运算和各种变换、代数和超越方程的求解、数据处理和傅里叶变换、数值积分等。专业扩展部分称为工具箱,是用 MATLAB 的基本语句编成的各种子程序集,用于解决某一方面的专门问题或实现某一类的新算法。从 F2P 及 Rsoft 仿真结果生成的数据文件中提取数据,使用 MATLAB 指令语言编程,可实现对光子晶体透射谱及后向散射波场强分布、分辨率图形的绘制。

2.2.5 MEEP 和 MPB 软件

MEEP 是一个时域有限差分工具,与其他时域有限差分工具一样,它可以计算不同的介质和场源。

MPB 是利用 PWE 法,专门用于计算光子晶体能带的工具,其计算收敛速度也相当快。它提供能带计算的 PWE 法,包含 Maxwell 方程组变换展开;是一个可视化的组件,提供生成二维和三维可视化文件、界面的绘图软件,功能齐全;是一个关于常用晶体格子的函数库,提供品格和格点的描述,向上支持调用。

MEEP 和 MPB 本身并不具备数据处理能力,通常需要其他工具来配合使用。它们是:用来提取文本数据的 grep,用来绘图的 MATLAB,以及用来处理高保真数据文件的 h5utils。在 MEEP 和 MPB 仿真结束后,会产生两种类型的数据:一种是文本数据;另一种是二进制的高保真数据,如 epsilon.h5。利用文本数据包含禁带信息、群速度等,可绘制光子晶体的能带图,见图 2-5 所示;利用 epsilon.h5,通过 h5utils 工具包能将其包含的数据转化成表示光子晶体结构的图片,见图 2-6 所示。

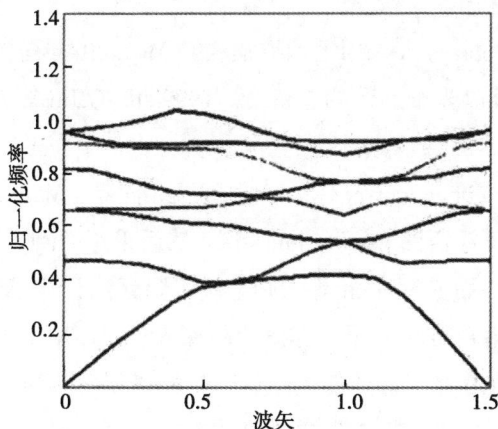

图 2-5 处理后得到的 TE 能带图

图 2-6　仿真数据处理后得到的光子晶体结构图

◆ 2.3　准晶光子晶体数值分析方法

对于光子晶体而言，周期性结构的倒格矢构成了周期性的倒易点阵，我们可以找到一系列最短长度的基本倒格矢——倒易空间基矢，来形成整个倒易点阵。在倒易点阵空间内，以一个倒易晶格的格点为中心，作指向相邻各格点的矢量，由垂直平分这些矢量的平面所包围的空间区域称为第一布里渊区。由于倒空间点阵的分布具有周期性，因此整个倒空间的能带结构可以由第一布里渊区的能带结构来定义。但是，对于准晶光子晶体而言，倒格矢密集地填满了整个倒空间，我们不可能选择任何最短长度的倒格矢来形成整个倒易点阵，也无法严格定义第一布里渊区。因此，准晶光子晶体能带结构和传输谱线的计算相对比较复杂，以往广泛用于计算能带结构的 PWE 法，由于所需平面波数量太大，因此很难直接使用。

1998 年，Y.S.Chan 等人采用运动方程法对 Maxwell 方程在实空间进行直接求解，计算了 8 重准晶光子晶体的态密度。1999 年，C.Jin 等人采用多重散射法对 8 重准晶光子晶体的传输谱线进行了计算。2000 年，M.E.Zoorob 等人利用FDTD 法分析了 12 重准晶光子晶体的传输谱线。同年，M.A.Kaliteevski 等人定义了类似于第一布里渊区的 pseudo-Jones 区，然后采用 PWE 法计算 8 重准晶光子晶体的能带结构。而 B.P.Hiett 等人则利用有限元法计算了 12 重准晶光子晶体的能带结构。随着对准晶光子晶体研究的深入，各种用于处理光子晶体的方法都被借鉴，用于准晶光子晶体能带结构或传输谱线的计算。其中用得最多的仍然是多重散射法、FDTD 法和改进的 PWE 法。此外，散射矩阵法、自洽的多次散射形式和柱面波形式等也都被成功地用于准晶光子晶体透射谱线的计算。

由于多重散射法和 FDTD 法本身可以处理晶格排列复杂的系统，因此可直接用于计算准晶光子晶体的传输谱线，这里不再赘述。但是，这些方法很难计算准晶光子晶体的能带结构，而修改的 PWE 法和有限元法则可以对准晶光子晶体的能带结构进行计算，但其中都涉及布里渊区的重新选择和定义的问题。M.A.Kaliteevski 等人提出，虽然无法严格定义准晶光子晶体的第一布里渊区，但是可以根据衍射图像定义一个类似于第一布里渊区的 pseudo-Jones 区。然后，利用 PWE 法解矩阵本征值问题，可以得到准晶光子晶体的能带结构。K.Wang 等人利用准晶体研究中的高维投影法，找到构筑 8 重准晶点阵的一系列近似度逐渐增大的单位原胞，并根据单位原胞建立赝布里渊区，再利用 PWE 法计算准晶光子晶体的能带结构。

◆◇ 2.4　准晶光子晶体仿真软件——改进的 Crystalwave 仿真软件

借助计算机进行的数值计算是目前重要的研究手段之一。同样，周期性光子晶体的理论研究也主要采用这一手段，而且开发了许多成熟的数值模拟软件。但是，这些软件都仅提供了直接构建周期性光子晶体的方法，要用它们构建结构复杂的准晶光子晶体，如 8 重、10 重和 12 重准晶光子晶体，都必须对构成准晶光子晶体的所有介质柱或空气孔的位置逐一进行定位。通常，准晶光子晶体由几百、几千甚至上万个介质柱或空气孔构成，所以用已有软件构建准晶光子晶体异常困难，不仅要花费大量的时间，而且极易出错，这极大地限制了这些软件在准晶光子晶体方面的推广和应用，从而限制了人们对准晶光子晶体进行研究。因此，现有软件需要发展和拓宽。

为了有效地解决这个问题，必须根据不同准晶的构建规律，自己编写一些程序，首先构造准晶光子晶体；然后，在此基础上，对现有软件进行改进，从而解决准晶光子晶体的数值计算和模拟问题。构造准周期光子晶体的过程实际上是一个构造准周期点阵的过程。准周期点阵的构造是一个很复杂的问题，许多数学家都曾投入这个问题的研究中。目前，构造准周期点阵的方法已经有十种以上，而被广泛应用的主要有以下几种：① 匹配拼砌法；② 高维投影法；③ 广义对偶法；④ 自相似变换法。其中，匹配拼砌法是最早用来构造二维周期晶格的方法；高维投影法是把理论和实验结合得最好的方法，可以解释准晶的衍射问题；广义对偶法是一种既简单、直接又能产生最多构型的方法；自相似变换法实质上是一维斐波那契链替代方法向高维的推进。对于三维准晶结构而言，主要使用的是高维投影法；而对于使用计算机构造二维准晶，广义对偶法和自相似变换法更为方便。

广义对偶法是建立在严格的代数理论上的既简单、直接又能产生最多构型的一种方法，它十分便于用计算机来得到按照要求设计出的准周期序和取向序的构型。这里，我们以8重准晶光子晶体为例，简单地介绍用广义对偶法构造8重准晶光子晶体的基本过程。首先，我们需要了解几个基本定义：① 格栅是一个由无穷多条不相交的平面直线组合成的集合，并可依据次序用整数进行编号；② N-格栅是指 N 个格栅的集合，并且满足第 i 个格栅中的每一条直线与第 j 个格栅中的每一条直线仅相交于一点；③ 格栅平面是指 N-格栅所在的平面；④ 原胞平面是指拼砌所在的平面。

由于准晶结构具有长程取向序和准周期平移序，因此广义对偶法产生的准晶格子也具有这两个特点，取向序也用一组矢量来表示，通常这组矢量被称为星矢，对于8次旋转对称性的准晶，其星矢是从正八边形的中心指向它的各顶点的单位矢量，并用 e_i 来表示；每一个矢量对应的一组与它垂直的等间隔的直线可以构造一个格栅，格栅通常是垂直于该基矢方向的一组平行直线，由此，可以得到 N-格栅，对于8次旋转对称性的准晶也就是8-格栅。

给定星矢和 N-格栅后，可以对每一个格栅中的直线序列依次进行编号，如果选定某一直线为第0条，那么沿 e_i 正方向依次是第1，2，…，i 条，沿 e_i 负方向依次是第-1，-2，…，i 条。所有 N-格栅的直线将格栅平面分割成许多小的开区域，在这些开区域中，没有格栅线通过，因此每两条格栅线的交点对应四个这样的开区域，假设该交点是第 i 个格栅（对应于星矢 e_i）的第 k_i 条直线和第 j 个格栅（对应于星矢 e_j）的第 k_j 条直线的交点。对偶变换可以将格栅平面上的每一个开区域变换到原胞平面上的一点，这样，经过对偶变换后，两条格栅线交点对应的四个开区域就在原胞平面上分别对应于四个点。这四个点就是菱形的四个顶点，它们的边分别平行于星矢 e_i 和 e_j，所以，菱形的四个内角就是 e_i 和 e_j 之间的夹角及它们的补角。因此，构成准晶的每一个格子——菱形都由两条格栅线的交点决定，格子的形状由格栅线之间的夹角决定。因为8次旋转对称性的准晶对应的八星矢中任意两个矢量之间的夹角只能是 π/4 或 π/2，所以八格栅的对偶拼砌由内角为 π/4 或 3π/4 的菱形和正方形两种图形组成。

八格栅的对偶拼砌的准周期性，可以根据格栅平面上格栅交点分布的准周期性来决定。因为格栅平面上的交点和原胞平面上的菱形一一对应，所以，格栅交点分布的准周期性决定了构成准晶的菱形分布的准周期性。对于 8 次旋转对称性的准晶而言，其格栅交点分布的准周期是 $1+\sqrt{2}$。以上是用广义对偶法产生 8 重旋转对称准晶的基本方法，产生的准晶格子分布见图 2-7 所示。我们从准晶结构的构造规律出发编写程序，对 Crystalwave 软件进行改进，并控制介质柱或空气孔置于这个准晶格子的各顶点上，可以得到 8 重准晶光子晶体，见图 2-8。

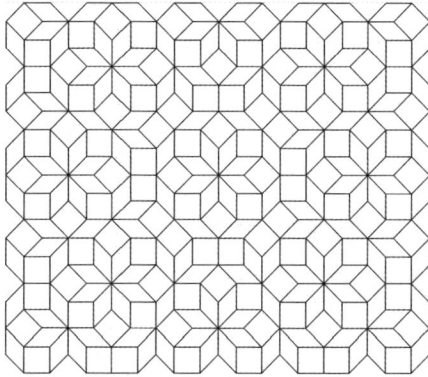

图 2-7　8 次旋转准晶结构图

图 2-8　8 重准晶光子晶体结构示意图

改进的 Crystalwave 软件，不仅保留了原软件的优点，而且可以迅速、直接地得到任意分布的准晶光子晶体结构；同时，用该方法得到的准晶光子晶体的任何一个介质柱和空气孔的位置和大小都可以随意控制，这就为后面研究结构无序对带隙的影响提供了方便。利用这些程序得到所需准晶光子晶体结构后，再利用 Crystalwave 软件提供的 FDTD 法，可以计算准晶光子晶体的透射谱线，从而方便地分析准晶光子晶体的禁带位置和宽度，并观测电磁场在空间的分布情况。

为了证实这种数值模拟工具的有效性和可靠性，利用该工具分析了 J.R. Vivas 等人研究的一种 8 重准晶光子晶体的传输特性。图 2-9 给出了利用该工具得到的这个 $\varepsilon = 5.0$，介质柱 $r = 0.30a$ 的 8 重准晶光子晶体(图 2-8)的透射谱线。由图 2-9 可以看出，该 8 重准晶光子晶体在上述参数条件下对 TM 模具有一个较大的带隙，位于归一化频率为 $(0.359 \sim 0.433)\omega/(2\pi c)$ 之间，该带隙与 J.R.Vivas 等人所得到的带隙几乎相同，从而证实了这种数值计算工具在研究准晶光子晶体禁带结构方面的有效性和可靠性。

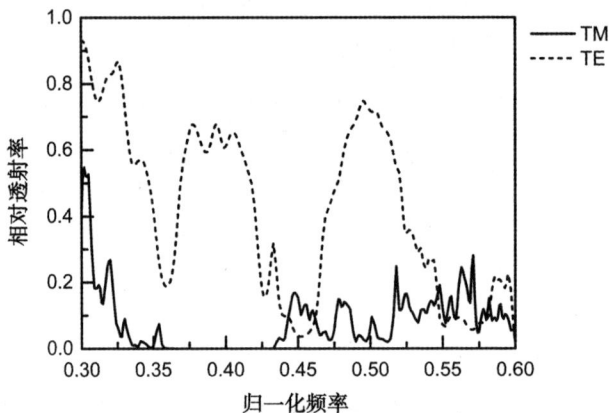

图 2-9　8 重准晶光子晶体传输谱线图 ($r = 0.30a$, $\varepsilon = 5.0$)

从准晶结构的构造规律出发，著者在 Crystalwave 软件的基础上，发展了可以有效地处理准晶光子晶体问题的数值计算工具。该工具有以下优点：① 保留了原软件的优点；② 可以快速地得到各种类型的准晶光子晶体结构；③ 每一个介质柱的位置、尺寸和形状等都可以利用程序任意控制。对 Crystalwave 软件所做的改进工作引起了 Crystalwave 公司的高度重视，该公司曾专门向著者索取相关程序。

3 准晶光子晶体带隙和传输特性

◆◇ 3.1 准晶光子晶体的带隙特性

一般情况下，只有构成周期性光子晶体的材料折射率(n)不小于2，才能得到完全带隙，而准晶结构光子晶体产生完全带隙的折射率阈值却非常低。M.E. Zoorob 等人指出，由氮化硅或玻璃这些低折射率材料上的空气孔构成的12重准晶光子晶体结构存在绝对的、完全光子带隙，虽然随后的研究结果表明这种结构并不能形成绝对带隙，但是，低折射率材料构成的12重准晶光子晶体对某一偏振模式产生完全带隙却不容置疑，且产生完全带隙所需的介电常数低至1.35。同样，8重准晶光子晶体产生带隙的阈值也非常低：M.Hase 等人指出，介质柱构成的8重准晶光子晶体对 TM 模实现完全带隙所需的介电常数仅为2.4($n=1.55$)；J.R.Vivas 等人进一步地指出，该结构对 TM 模出现完全带隙的相对介电常数可以低至1.6($n=1.26$)；最近的研究结果表明，这种相对介电常数甚至可以低至1.55。折射率要求的降低是准晶结构光子晶体的一个重要特征，因为这意味着许多基于 PBG 的器件可以用自然界普遍存在的材料——二氧化硅($n=1.45$)来实现。二氧化硅不仅是自然界普遍存在的材料，而且与目前集成光子技术和光通信的材料一致，这将使有效集成光学带隙器件(如波分复用器、解波分复用器、滤波器)的制作成为可能，还可以降低有源光器件的耦合损耗，尤其对发展和当前的光纤器件的直接耦合非常重要。因此，研究准晶光子晶体的传输特性对进一步地设计和制作基于 PBG 的器件极具实用价值。

8重和12重准晶光子晶体结构简单、构造容易，是目前理论和应用研究较多的两种结构，因此，系统地研究这两种结构的带隙特性，找到获得最大带隙的最佳结构参数，对于应用非常重要。目前，对这两种结构带隙特性的研究已经非常多。例如，最早关于二维准晶光子晶体的研究就是围绕二维 8 重准晶光子晶体展开的，Y.S.Chan 等人通过理论研究发现，在准周期排列的介电系统中，也存在空间带隙；随后，C.Jin 等人在实验上证实了 8 重准晶光子晶体在微波波段的确存在光子带隙，而且光子带隙与入射方向无关；M.E.Zoorob 等人提出，由氮化硅或玻璃这些低折射率材料上的空气孔形成的 12 重准晶光子晶体存在绝对的、完全光子带隙；M.Hasc 等人通过对 8 重准晶光子晶体的传输谱线的研究发现，8 重准晶光子晶体带隙与入射方向无关，并且对 TM 模产生完全带隙所需的介电常数仅为 2.4；等等。这些研究主要是围绕哪些结构可以产生带隙，带隙各向同性，以及产生带隙的最低折射率阈值展开的，鲜有涉及填充因子等结构参数对带隙影响方面的讨论。随着对准晶光子晶体带隙特性研究的深入，其他结构参数对带隙影响的研究也逐渐展开。J.R.Vivas 等人研究了对于给定填充因子，8 重准晶光子晶体的带隙宽度和位置随着介电常数的变化，但是他们并未讨论不同填充因子对带隙位置和宽度的影响。D.T.Roper 等人研究了 8 重准晶光子晶体的带隙位置和宽度随着单位原胞的尺寸和原胞内填充因子的变化后发现，对于给定大小的填充因子，带隙的宽度随着单位原胞尺寸的增大而变宽；但是，该研究仅讨论了由砷化铝(AlAs)这种介电材料产生的带隙对三个特定填充因子的变化，而没有讨论其他介电材料对应的带隙随着填充因子的变化。R.C.Gauthier 等人采用 FDTD 法，系统地研究了 12 重准晶光子晶体的传输特性，指出 12 重准晶光子晶体带隙的位置和宽度与偏振模式、介电常数、填充因子有关，而与入射方向无关；对于一种给定的介电常数，带隙宽度随着填充因子而变化，而且可以找到获得最大带隙宽度的最佳填充因子；对于一个给定的填充因子，带隙宽度随着介电常数的增大而变宽。R.C.Gauthier 等人的研究比 J.R.Vivas 等人和 D.T.Roper 等人的研究又进了一步，不仅讨论了对于给定的填充因子，带隙宽度随着介电常数的变化，而且指出了对于给定的介电常数，可以找到获得最大带隙宽度的最佳填充因子。但是，R.C.Gauthier 等人并未讨论在不同介电常数情况下，获得最大带隙的最佳填充因子，最大带隙宽度随着介电常数的变化规律，以及该变化规律与给定填充因子对应的带隙宽度随着介电常数的变化规律之间的差别。

本节采用 FDTD 法，系统地讨论了偏振模式、介电常数、填充因子和入射方向对 8 重准晶结构的光子晶体带隙宽度和位置的影响，首次揭示了不同介电常数对应的最佳填充因子，以及对应于最佳填充因子的最大带隙宽度随着介电常数的变化规律；并对二氧化硅介质柱构成的 8 重准晶结构光子晶体的带隙特性进行了研究。在著者分析了 8 重准晶光子晶体的如上特性并投稿后不久，P. N.Dyachenko 等人也讨论了 8 重和 12 重准晶光子晶体的最大带隙宽度随着介电常数的变化，因此，本节内容不再对 12 重准晶光子晶体展开讨论。

3.1.1 结构参数对准晶光子晶体带隙特性的影响

为了定量地描述准晶结构的光子晶体的带隙特性，定义光子带隙的相对带隙宽度等于 $\Delta\omega/\omega_g$。其中，$\Delta\omega$ 是绝对宽度，它等于光子带隙右边沿和左边沿相对透过率为 10^{-3} 处频率的差值；ω_g 是光子带隙的中心频率，它等于该光子带隙右边沿和左边沿相对透过率为 10^{-3} 处频率之和的二分之一。填充因子用介质柱半径和晶格常数之比（r/a）表示。

图 3-1 给出了一个二维 8 重准晶光子晶体结构示意图：晶格常数为 a，深灰色部分为基底——空气，白色部分代表介质柱。角 θ 代表光的入射方向。由于 8 重准晶结构具有 8 重旋转对称性和镜面对称性，因此入射角 θ 在 0°～22.5°的变化足以描述所有入射方向的透射情况，显然，当入射方向沿 x 轴时，$\theta=0°$。

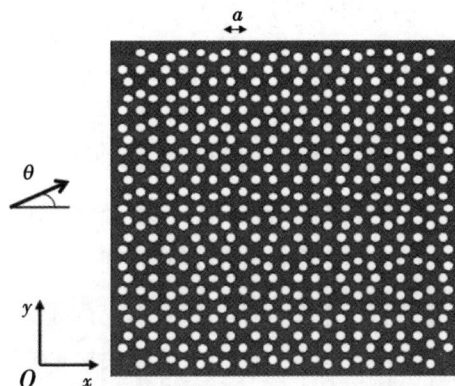

图 3-1　二维 8 重准晶结构的光子晶体结构示意图

(角 θ 代表光的入射角，箭头代表入射光的方向)

3.1.1.1　偏振状态对带隙的影响

当介质柱 $r=0.30a$，$\varepsilon=5.0$（$n=2.24$）时，8 重准晶光子晶体的传输谱线见图 3-2 所示。从图 3-2 中可以清楚地看到，该结构对 TE 模不存在明显的光子带隙，但是，对 TM 模在归一化频率为（$0.358\sim0.433$）$\omega/(2\pi c)$ 之间存在一个非常明显的光子带隙。由于光子带隙才是实际应用中设计基于 PBG 器件的基础，因此，对于 8 重准晶结构的光子晶体，TM 模对我们更为有用，故如下部分将集中讨论 TM 模偏振对应的带隙。

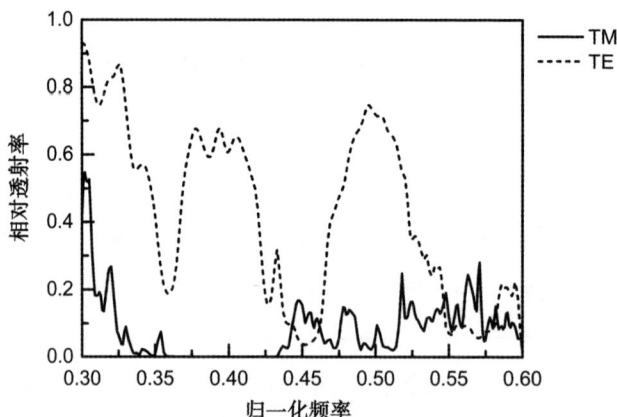

图 3-2 8 重准晶光子晶体传输谱线图 ($r=0.30a$，$\varepsilon=5.0$)

3.1.1.2 填充因子对带隙的影响

图 3-3 和图 3-4 分别给出了当 $\varepsilon=3.0$，5.0，13.0 时，8 重准晶光子晶体第一带隙的上、下边界的归一化频率随着填充因子的变化曲线和相对带隙宽度随着填充因子的变化曲线。图 3-3 和图 3-4 给出的模拟结果表现出一些有趣的性质：① 带隙的中心频率随着填充因子的增大而朝着低频方向移动(图 3-3 中虚线部分)；② 当填充因子超过一定值以后，才出现光子带隙，对应于不同的 $\varepsilon=3.0$，5.0，13.0，出现光子带隙的填充因子分别为 0.13，0.08，0.04；③ 当 $r/a=0.38$ 时，带隙突然消失，这是因为，如果填充因子大于 0.38，8 重准晶光子晶体的一些介质柱就会挨在一起，所以，填充因子的取值最大只能到 0.38；④ 相对带隙宽度随着填充因子的增大呈先增大后减小的趋势，因此，存在最佳填充因子——最大带隙宽度对应的填充因子；⑤ 获得最大带隙的最佳填充因子随着介电常数的增大而减小，如当 $\varepsilon=3.0$，5.0，13.0 时，最佳 $r/a=0.270$，0.240，0.180，这一变化趋势可以从图 3-5 给出的最佳 r/a 随着介电常数的变化曲线图更清楚地看到。此外，从图 3-5 还可以得到对应于 $\varepsilon=2.0\sim13.0$ 的变化，最佳 $r/a=0.300$($\varepsilon=2.0$)，0.270($\varepsilon=3.0$)，0.250($\varepsilon=4.0$)，0.240($\varepsilon=5.0$)，0.230($\varepsilon=6.0$)，0.220($\varepsilon=7.0$)，0.210($\varepsilon=8.0$)，0.205($\varepsilon=9.0$)，

$0.200(\varepsilon=10.0)$，$0.190(\varepsilon=11.0)$，$0.185(\varepsilon=12.0)$，$0.180(\varepsilon=13.0)$。这些对应于不同介电常数的最佳填充因子的给出，为进一步地加工和制作基于 8 重准晶光子晶体带隙的器件之前的结构优化提供了最佳参数选择。

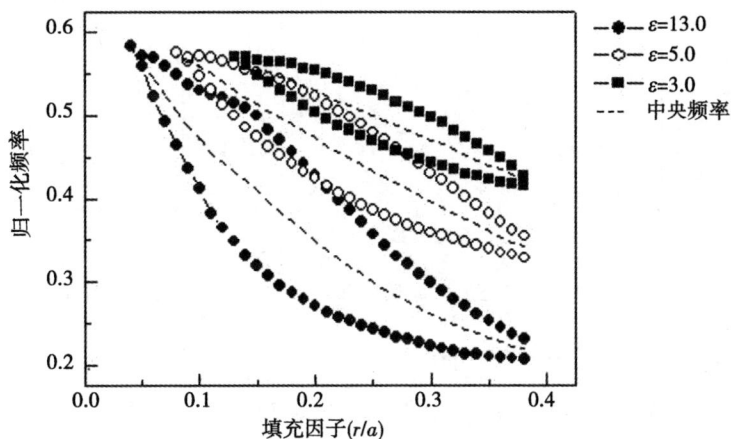

图 3-3　8 重准晶光子晶体第一带隙的上、下边界的归一化频率随着
填充因子的变化曲线图

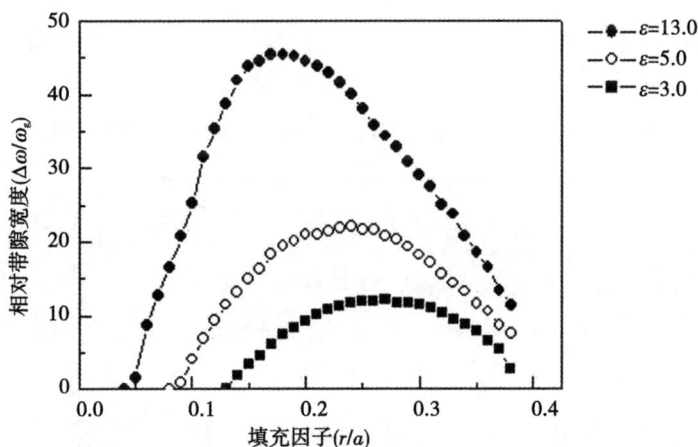

图 3-4　8 重准晶光子晶体第一带隙的带隙宽度随着填充因子的变化曲线图

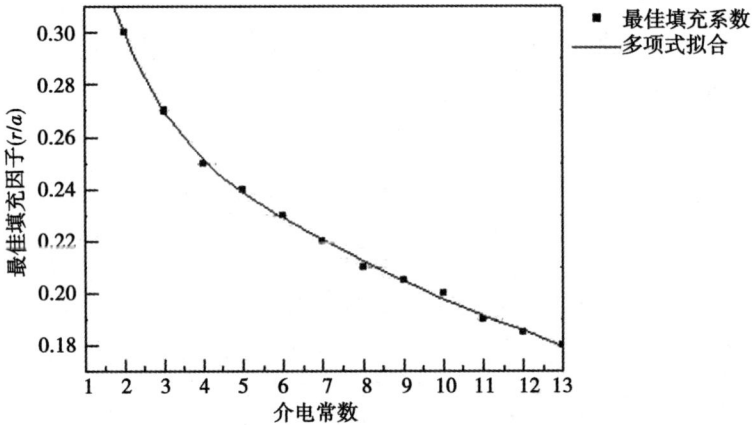

图3-5　获得最大带隙宽度的最佳填充因子随着介电常数的变化曲线图

3.1.1.3　介电常数对带隙的影响

根据前面的讨论可知，对于不同的介质，获得最大相对带隙宽度的填充因子是不同的。为了深入研究准晶光子晶体的带隙宽度随着介电常数的变化规律，图3-6和图3-7分别给出了填充因子取确定的值0.30和对各介电常数取最佳填充因子时，8重准晶光子晶体上、下边界随着介电常数的变化曲线。图3-8给出了相对带隙宽度随着介电常数的变化曲线。对比图3-6和图3-7可以发现，填充因子取最佳值对应的带隙的上边缘变化平缓，而填充因子取确定的值0.30对应的带隙的上边缘变化显著，这两种情况对应的下边缘变化都比较明显。这就导致填充因子取确定的值0.30和对各介电常数取最佳值对应的相

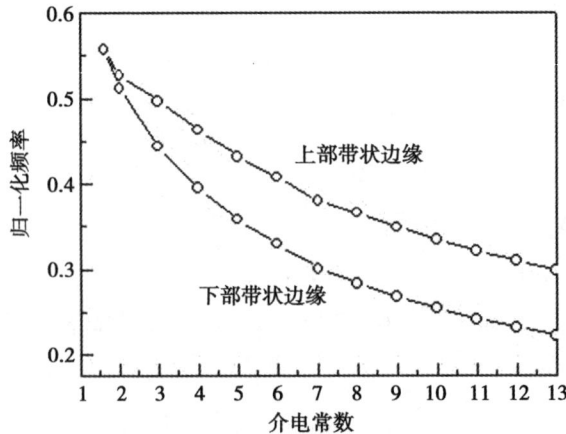

图3-6　8重准晶光子晶体的上、下边界随着介电常数的变化曲线图($r/a=0.30$)

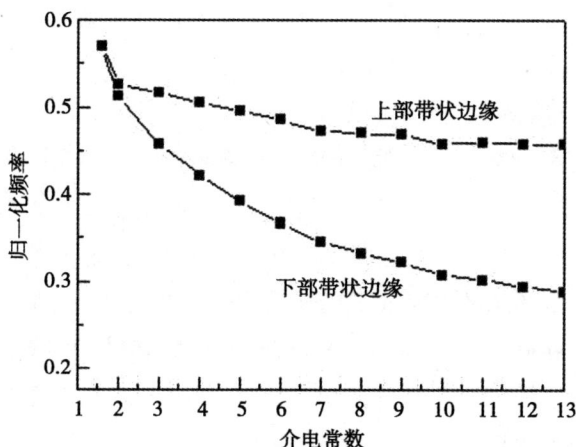

图 3-7　8 重准晶光子晶体的上、下边界随着介电常数的变化曲线图

（其中，填充因子对各介电常数取最佳值）

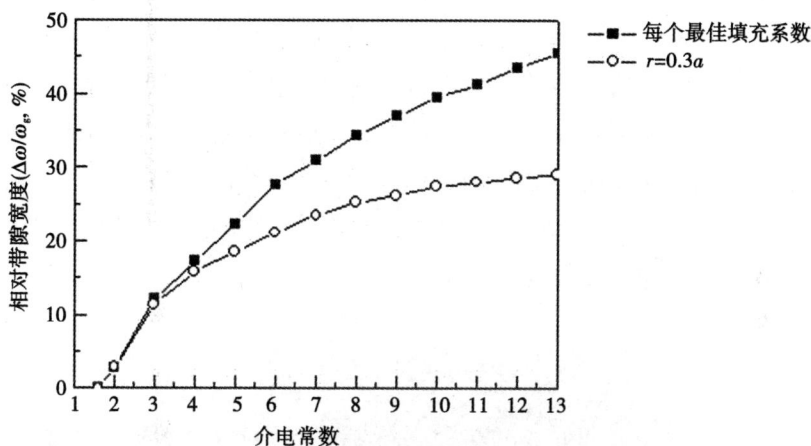

图 3-8　相对带隙宽度随着介电常数的变化曲线图

对带隙宽度随着介电常数增大的速度不同。从图 3-8 可以清楚地看出，填充因子对介电常数取最佳值对应的相对带隙宽度和取确定的值 0.30 对应的带隙宽度在介电常数取较小值时，增长速度基本一致，但当 $\varepsilon > 4.0$ 时，填充因子取最佳值对应的相对带隙宽度比取确定的值 0.30 对应的带隙宽度增长得要快。这是因为，当 $\varepsilon < 4.0$ 时，最佳填充因子的取值在确定的值 0.30 附近，所以，相对带隙宽度变化不明显；而当 $\varepsilon > 4.0$ 时，最佳填充因子的取值偏离 0.30 越来越远，故相对带隙宽度远大于取确定值对应的带隙宽度。因此，选取最佳填充因子可以获得更大的带隙宽度,这可以为设计基于8重准晶光子晶体的器件提供最佳参数选择,故而具有现实指导意义。

3.1.1.4　入射方向对带隙的影响

以上研究的都是基于正入射的情况,也就是电磁波在 x-z 平面内沿着 x 轴入射到准晶光子晶体上,即 $\theta = 0°$ 的情况。图 3-9 给出了当入射光的方向不同时,8 重准晶光子晶体的透射谱线。其中,$\varepsilon = 5.0$,填充因子取相应的最佳值 0.24。由于8重准晶结构具有8重旋转对称性,因此每一个 45° 的扇形区域都与其他7个区域相同,而且介质柱的分布在每一个 45° 的扇形区域内关于 22.5° 线具有镜对称性。故而,入射角在 0°~22.5° 范围内的变化可以描述所有传输方向的变化。改变入射角的方向通常有两种方法:一种是调整入射方向,保持样品位置不变;另一种是保持入射方向沿 x 方向不变,而样品围绕样品中心旋转。这两种方法可以获得相同的效果。本书选择第二种方法。由图 3-9 可以看到,当入射角的方向不同时,光子带隙的位置和宽度几乎没有变化,都位于归一化频率为 $(0.394 \sim 0.488) \omega / (2\pi c)$ 之间,也就是说,光子带隙的位置和宽度对入射方向不敏感,所以,8 重准晶光子晶体的带隙是各向同性的。这个特性意味着在设计基于8重准晶结构的光子晶体器件时,有更大的设计自由度,可以把光引往任意方向,而无需担心传输方向对器件性能的影响。同时,该模拟结果还证明了光子带隙与入射方向无关是准晶光子晶体的一个普遍特性,与介质的介电常数和填充因子没有直接关系。

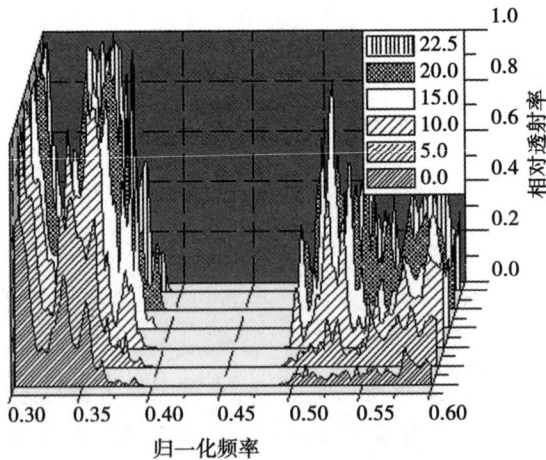

图 3-9　对于不同的入射角,8 重准晶光子晶体的透射谱线图

3.1.2 二氧化硅介质柱 8 重准晶光子晶体的带隙特性

为了验证上述结果，可分析二氧化硅(SiO_2)材料构成的 8 重准晶光子晶体的带隙特性。由于二氧化硅材料($n=1.45$)是自然界普遍存在的材料，而且它与目前集成光子技术和光通信材料一致，因此，如果用该材料获得光子带隙，将使有效集成光学带隙器件成为可能，还可降低有源光器件的耦合损耗，对发展和当前光纤器件的直接耦合非常重要。图 3-10 给出了当 $r=0.30$ 时，二氧化硅介质柱构成的 8 重准晶光子晶体对 TM 模和 TE 模的透射谱线。由图 3-10 可以看出，该结构对 TE 模不存在明显的带隙，但是对 TM 模在归一化频率为 $(0.512\sim0.526)\omega/(2\pi c)$ 之间存在一个明显的光子带隙。

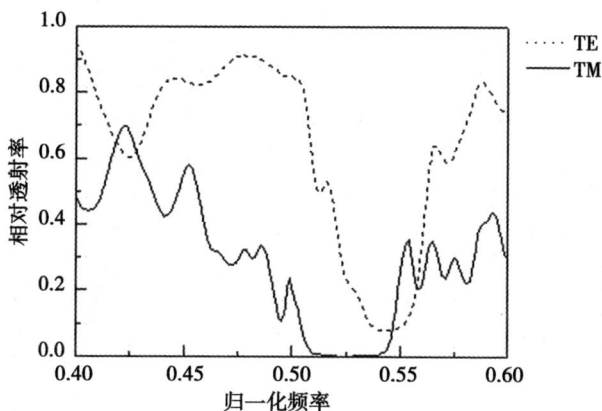

图 3-10　二氧化硅介质柱 8 重准晶结构的光子晶体的透射谱线图

图 3-11(a)(b)分别给出了二氧化硅介质柱构成的 8 重准晶光子晶体带隙的位置和宽度随着填充因子的变化曲线。从图 3-11(a)可以看出，当填充因子大于 0.24 时，开始出现带隙；而当填充因子达到 0.32 时，带隙完全消失。在填充因子从 0.24~0.32 变化范围内，光子带隙的中心频率 ω_g 随着填充因子的增大而朝着低频方向移动；相对带隙宽度随着填充因子的增大先增大后减小；当填充因子取 0.29 时，相对带隙宽度有最大值，$\Delta\omega/\omega_g\approx2.8\%$，因此，0.29 附近是二氧化硅介质柱构成的 8 重准晶光子晶体的最佳填充因子。最佳填充因子 0.29 对应的带隙位于 $(0.516\sim0.531)\omega/(2\pi c)$，这可以覆盖 1.55 μm 附近 44 nm 的宽度或 1.31 μm 附近 37 nm 的宽度，足以用于设计光通信器件，如准晶结构的光子晶体光纤等。

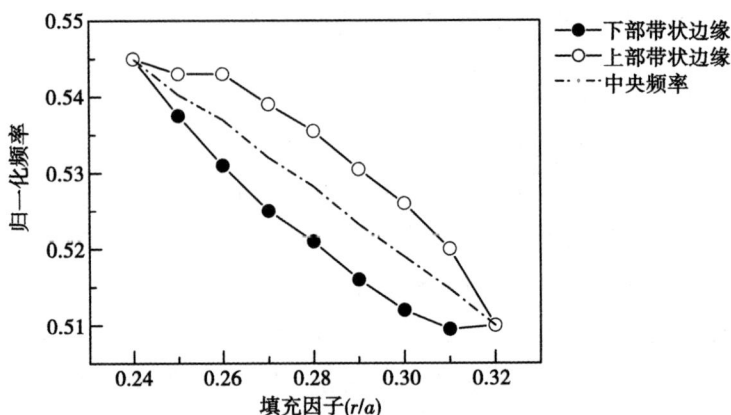

（a）带隙的左、右边界和中心频率随着填充因子的变化曲线图

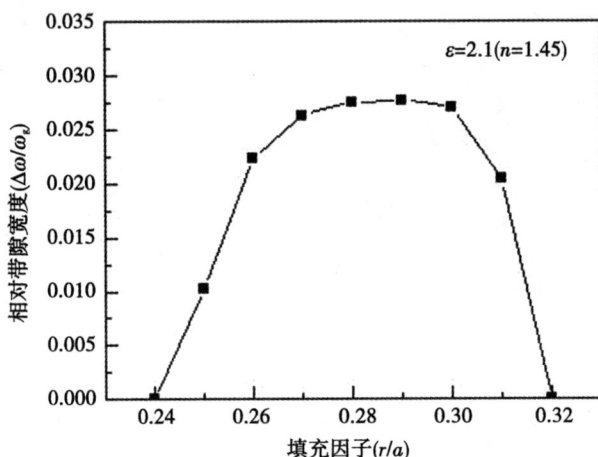

（b）相对带隙宽度 $\Delta\omega/\omega_g$ 随着填充因子的变化曲线图

图 3-11 8 重准晶光子晶体带隙的位置和宽度随着填充因子的变化曲线图

图 3-12 给出了入射角从 0°～22.5°变化时，二氧化硅介质柱构成的 8 重准晶光子晶体的透射谱线，其中填充因子取最佳值 0.29。从图 3-12 可以看出，二氧化硅介质柱构成的 8 重准晶光子晶体的带隙宽度和位置均与入射方向无关。

本节采用 FDTD 法，系统地讨论了偏振模式、填充因子、介电常数、入射方向等因素对介质柱构成的 8 重准晶光子晶体带隙特性的影响，为制作基于准晶光子晶体 PBG 器件之前器件的设计和优化提供了最佳结构参数选择。本节首次揭示了准晶光子晶体带隙的如下变化规律：① 随着填充因子增大，光子带隙

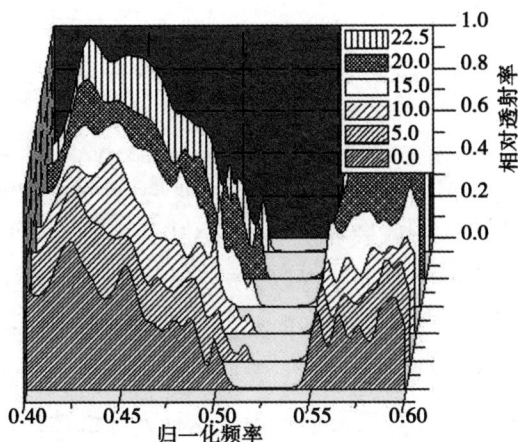

图3-12 当入射角不同时，二氧化硅介质柱8重准晶结构的光子晶体的透射谱线图

的中心频率朝着低频方向移动；② 相对带隙宽度随着填充因子的增大呈先增大后减小的趋势，因此，存在最佳填充因子——最大带隙宽度对应的填充因子；③ 最佳填充因子随着介电常数的增大而逐渐减小；④ 当填充因子取确定的值和对各介电常数取最佳值时，相对带隙宽度均随着介电常数的增加而变宽，但是，填充因子对各介电常数取最佳值对应的相对带隙宽度比取确定的值对应的带隙宽度增长得要快；⑤ 对于二氧化硅介质柱构成的8重准晶结构的光子晶体，当填充因子取0.29时，相对带隙存在最大值，该带隙可以覆盖1.55 μm附近44 nm的宽度或1.31 μm附近37 nm的宽度，足以用于设计和制作准晶结构的光子晶体光纤等光通信器件。

这部分工作还存在一定的不足。例如，仅分析了8重准晶光子晶体的带隙特性，而没有分析另一种常见结构——12重准晶光子晶体的带隙特性，这主要是因为著者投稿后不久，P.N.Dyachenko等人就在SPIE的会议上讨论了8重和12重准晶光子晶体的最大带隙宽度随着介电常数的变化规律，为了保证本书的创新性，本章内容没有对12重准晶光子晶体进行展开。另外，由于目前准晶光子晶体带隙产生的原因还没有定论，因此暂时无法揭示准晶光子晶体的带隙呈现上述变化规律的具体物理机制。本章对8重准晶光子晶体进行的这些讨论可以进一步地推广到Penrose型等其他结构的准晶光子晶体上，而且根据实际需要，还可以更为精细地讨论介电常数对应的最佳填充因子等结构参数。除了目前研究较多的这几种准晶光子晶体，通过分析其他结构的准晶光子晶体的带隙特性，还可以进一步地寻找具有更大带隙的光子晶体结构。

◆◇ 3.2 介质柱的形状和变形对准晶光子晶体带隙的影响

对于周期性光子晶体,其带隙与光子晶体的结构和材料密切相关,当光子晶体结构的对称性降低时,就会解除布里渊区中高对称点处光子能带的简并对光子晶体带隙尺寸的限制,从而获得较大的完全带隙。一般来说,降低光子晶体结构对称性的方法主要有:采用各向异性介质来构造光子晶体,在原有的介质柱中间另外插入尺寸较小的介质柱,改变晶胞和介质柱的形状,改变非对称性介质柱的取向等。其中,改变介质柱形状这种方法虽然最简单,却对增大完全带隙宽度非常有效和实用。但是,对于准晶光子晶体而言,降低结构的对称性能否增大完全带隙的宽度,或者在某一方向增大带隙的宽度,目前还没有专门报道。另外,由于工艺或加工误差等原因,构成准晶光子晶体的介质柱或空气孔不可避免地会出现实际制作形状与设计上的偏离,为了在工艺上能制作出更有实用价值的光子晶体,也必须分析与最大带隙相对应的结构偏差的稳定性。目前,这方面也未见相关报道。因此,以改变介质柱形状这种最简单的方法为例,研究准晶光子晶体的对称性对其带隙的影响非常有意义。

第2章讨论了圆形介质柱对准晶光子晶体带隙特性的影响,由于圆形的对称性最高,无论准晶结构的旋转对称性如何,圆形总能保证不破坏其对称性,因此计算准晶光子晶体的带隙特性时,仅考虑准晶结构的对称性即可。本章首先在此基础上研究了正方形、六边形和三角形介质柱构成的准晶光子晶体的带隙特性,并与圆形介质柱构成的准晶光子晶体的带隙进行比较,揭示了准晶光子晶体的带隙与介质柱形状之间的关系;然后以椭圆介质柱构成的准晶光子晶体的带隙特性为例,揭示了带隙对工艺上可能引起的轴长偏离的稳定性。

3.2.1 介质柱的形状对准晶光子晶体带隙的影响

3.2.1.1 正方形介质柱准晶光子晶体带隙特性

图3-13给出了由正方形介质柱构成的8重准晶光子晶体。为了对比方便,介质柱的介电常数选为5.0,填充因子的大小对应于圆形介质柱在该介电常数下的最佳填充因子($r/a=0.24$)。因为正方形也具有8重旋转对称性,所以,一个0°~45°的扇形与其他7个扇形是相同的;但是,由于正方形在0°~45°范围内不具有镜面对称,因此,对正方形介质柱构成的8重准晶光子晶体,入射角

从 0°~45°范围变化，才可以充分地描述所有入射方向的情况，这比圆形介质柱要考虑的范围大 1 倍。图 3-14 给出了当入射角从 0°~45°范围变化时，正方形介质柱构成的 8 重准晶光子晶体的传输谱线。

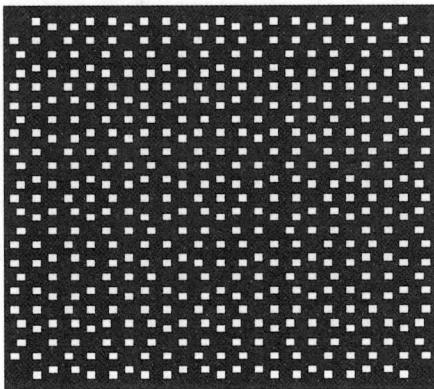

图 3-13　正方形介质柱构成的 8 重准晶光子晶体

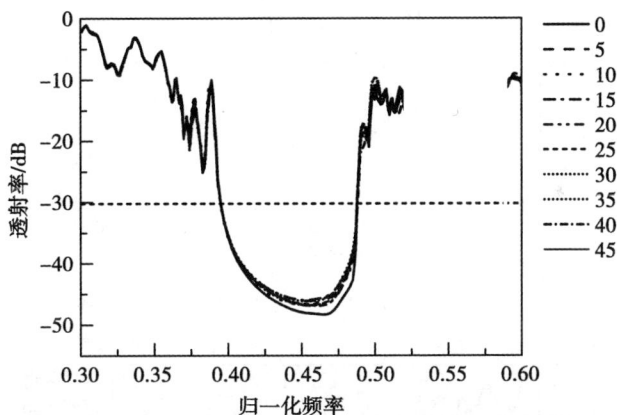

图 3-14　入射角不同情况下，正方形介质柱 8 重准晶光子晶体的透射谱线图

由图 3-14 可以看出，正方形介质柱构成的 8 重准晶光子晶体的光子带隙位于归一化频率为 $(0.395\sim0.487)\omega/(2\pi c)$ 之间，并且当入射角不同时，光子带隙的位置和宽度几乎没有变化(−30 dB 处)，这说明当介质柱的形状为正方形时，8 重准晶光子晶体的带隙也与入射方向无关。仔细观察图 3-14 还可以看到，光子带隙的位置和宽度虽然在−30 dB 处没有变化，但是，当透过率小于−30 dB 时，光子带隙的位置和宽度还是略有变化的，而且这种变化是对称的：先随着入射角增大逐渐偏离入射角为 0°的透射谱线，再随着入射角增大逐渐与

入射角为 0°的透射谱线重叠，详见图 3-15(a)~(e)。

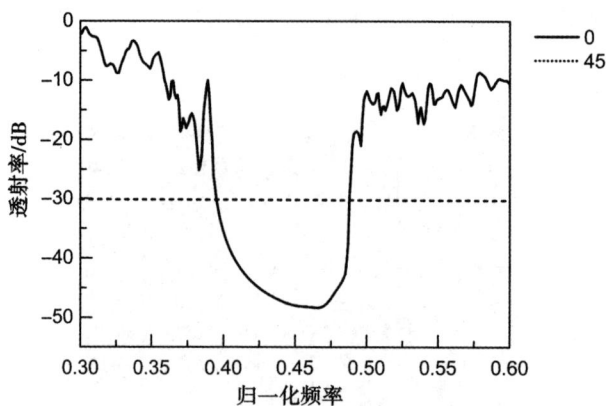

（a）入射角为 0°和 45°

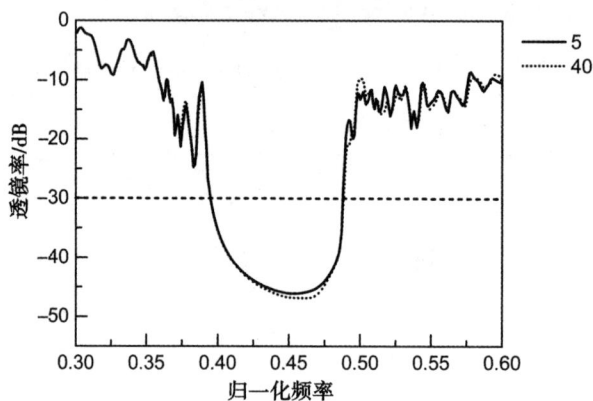

（b）入射角为 5°和 40°

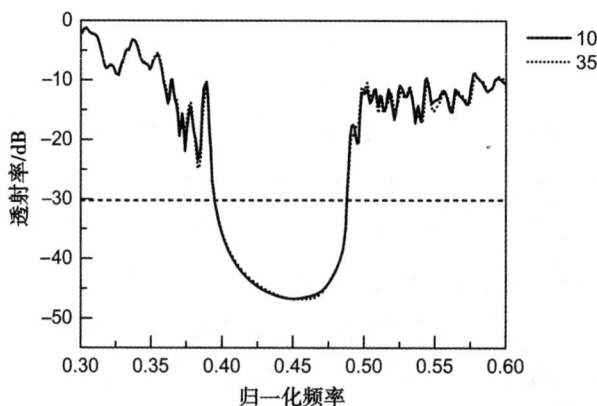

（c）入射角为 10°和 35°

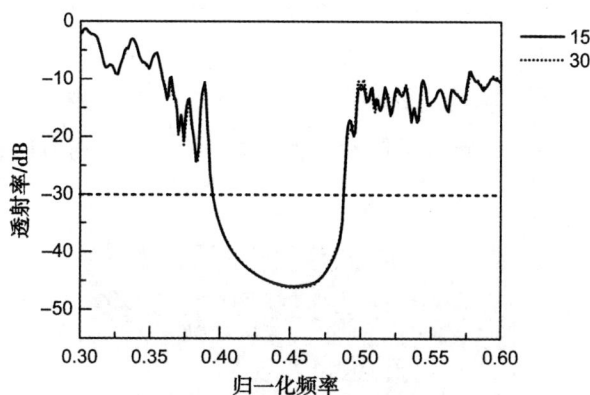

（d）入射角为 15°和 30°

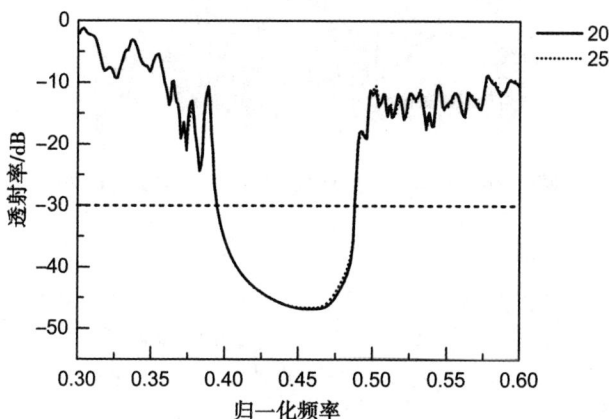

（e）入射角为 20°和 25°

图 3-15　正方形介质柱 8 重准晶光子晶体的透射谱线与入射角之间关系图

图 3-15（a）表明，入射角为 0°~45°的透射谱线完全重合，这说明入射角从 0°~45°的变化的确可以描述所有传输方向；而从图 3-15（b）（e）可以进一步地看出，这些传输谱线的确关于 22.5°几乎是对称变化的，与圆形介质柱的变化规律一致，这说明 8 重准晶光子晶体带隙的各向同性与介质柱的形状无关，而仅与 8 重准晶光子晶体的 8 次旋转对称性有关。

3.2.1.2　六边形介质柱准晶光子晶体带隙特性

图 3-17 给出了六边形介质柱构成的 8 重准晶光子晶体（见图 3-16）对不同入射方向的传输谱线。根据六边形的对称性，入射角从 0°~30°的变化可以充分地描述六边形介质柱 8 重准晶光子晶体在所有方向的传输，其中六边形的大

小也对应于圆形介质柱在介电常数取 5.0 情况下的最佳填充因子($r/a=0.24$)。

由图 3-17 可以清楚地看到,六边形介质柱构成的 8 重准晶光子晶体的光子带隙位于归一化频率为($0.394 \sim 0.487$)$\omega/(2\pi c)$ 之间,带隙的宽度和位置也与入射方向无关,仔细观察后可以发现,传输谱线随着入射方向的变化近似关于入射角 22.5° 对称。

图 3-16 六边形介质柱构成的 8 重准晶光子晶体

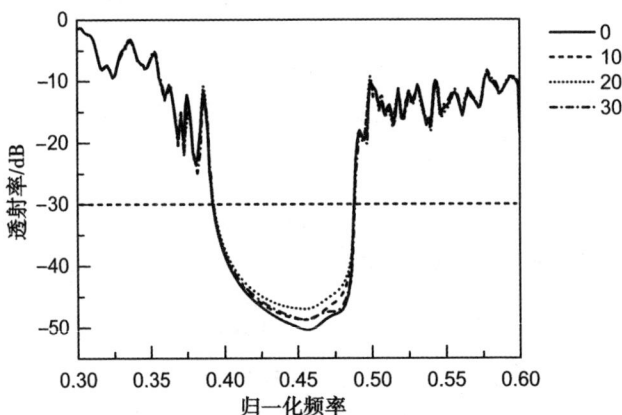

图 3-17 入射角不同情况下,六边形介质柱 8 重准晶光子晶体的透射谱线图

3.2.1.3 三角形介质柱准晶光子晶体带隙特性

图 3-19 给出了当入射角的方向不同时,三角形介质柱构成的 8 重准晶光子晶体(见图 3-18)的传输谱线。由于三角形的对称度更低,因此入射角从 0°~60° 的变化才可以充分地描述三角形介质柱 8 重准晶光子晶体在所有方向上的传输,其中三角形的大小也对应于圆形介质柱在介电常数取 5.0 情况下的

最佳填充因子($r/a=0.24$)。由图 3-19 不难看出,三角形介质柱构成的 8 重准晶光子晶体的光子带隙位于归一化频率为($0.397 \sim 0.483$)$\omega/(2\pi c)$之间,带隙的位置和宽度与入射方向无关,而且传输谱线的变化也近似关于入射角 22.5°对称。

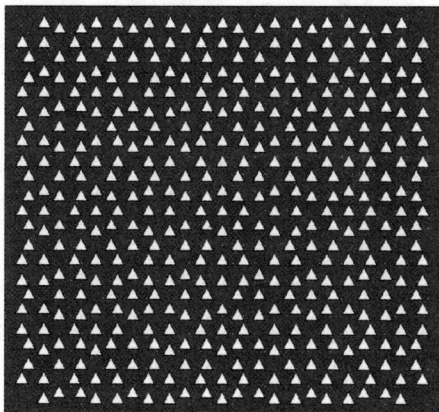

图 3-18   三角形介质柱构成的 8 重准晶光子晶体

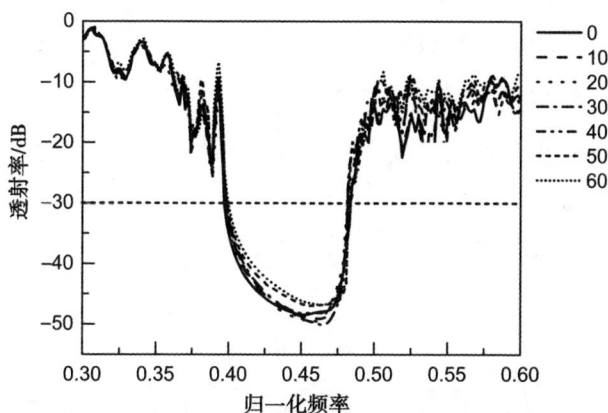

图 3-19   入射角不同情况下,三角形介质柱 8 重准晶光子晶体的透射谱线图

通过以上对圆形、正方形、六边形和三角形介质柱构成的 8 重准晶光子晶体的带隙特性的分析可以看出,它们的带隙具有一个共同的特点:具有各向同性。这说明 8 重准晶光子晶体的各向同性光子带隙的产生的确与介质柱的形状无关,而是结构本身所具有的 8 重旋转对称性的结果。那么,介质柱的形状到底对 8 重准晶光子晶体的传输谱线或者光子带隙有什么影响呢?为了更清楚地分析这一点,图 3-20 和图 3-21 给出了这四种形状的介质柱构成的 8 重准晶光子晶体的传输谱线。

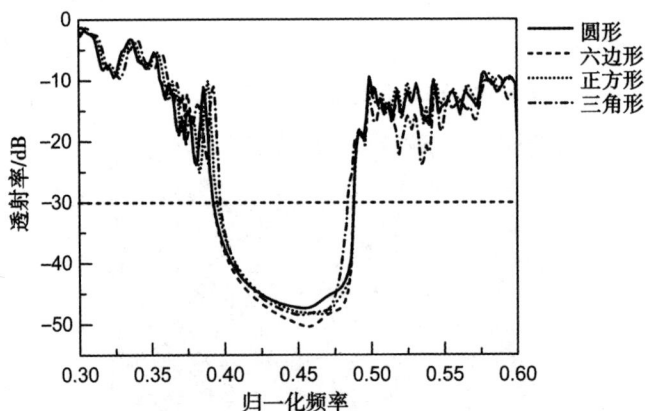

图 3-20　四种形状的介质柱构成的 8 重准晶光子晶体的传输谱线图

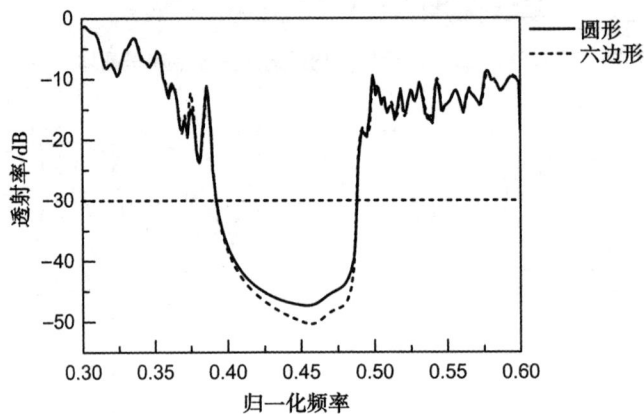

（a）六边形

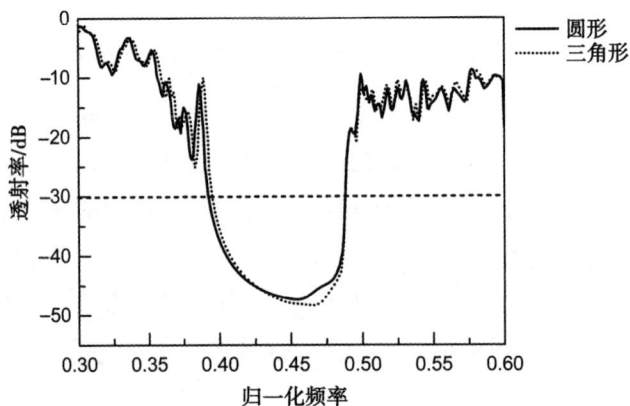

（b）正方形

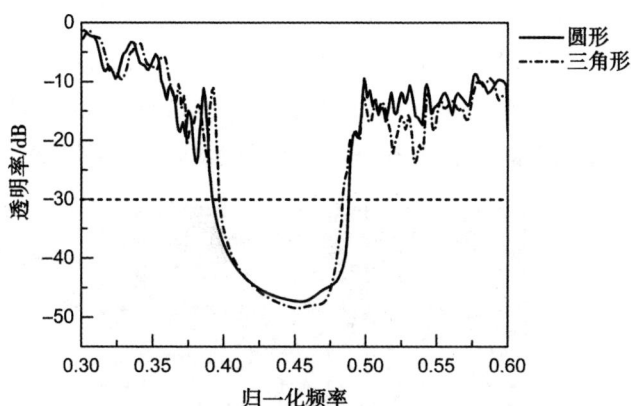

（c）三角形

图 3-21   不同形状的介质柱构成的 8 重准晶光子晶体的传输谱线对比图

从图 3-20 和图 3-21 可以清楚地看出，在填充因子相同的情况下，介质柱的形状分别为圆形、六边形、正方形和三角形时，8 重准晶光子晶体光子带隙分别位于归一化频率为（0.394 ~ 0.488）$\omega/(2\pi c)$、（0.394 ~ 0.487）$\omega/(2\pi c)$、（0.395~0.487）$\omega/(2\pi c)$、0.397~0.483$\omega/(2\pi c)$ 之间，显然，相应的带隙宽度随着介质柱形状的变化如下：六边形介质柱与圆形介质柱构成的 8 重准晶光子晶体的带隙略窄，但几乎完全重合；正方形介质柱比圆形介质柱构成的 8 重准晶光子晶体的带隙宽度略窄，也比六边形介质柱构成的 8 重准晶光子晶体的带隙宽度要窄；而三角形介质柱构成的 8 重准晶光子晶体的带隙宽度比圆形和正方形介质柱对应的带隙宽度窄得比较多，也比六边形的带隙宽度窄。因此，8 重准晶光子晶体的带隙宽度与介质柱的形状有关，并且带隙宽度随着介质柱形状对称程度的降低逐渐变窄，但是，介质柱形状带来的带隙差别几乎可以忽略。该结果还从侧面表明，只要制作过程中各介质柱的位置和填充因子可以保持，介质柱形状对 8 重准晶光子晶体带隙的影响可以忽略。

以上内容研究了介质柱形状对 8 重准晶光子晶体带隙的影响，实际上，对于某些实际应用，绝对带隙——同时对 TE 和 TM 存在的重叠带隙更为有用。但是，在允许的介电常数条件下，8 重准晶光子晶体无法得到绝对带隙。12 重准晶光子晶体是一种可以获得绝对带隙的光子晶体结构，而且它在获得无缺陷的缺陷模方面也具有一定的优势，因此，研究介质柱形状对 12 重准晶光子晶体绝对带隙的影响更具实用价值。为了进一步地验证 8 重准晶光子晶体的带隙随着介质柱形状的变化规律，可以简单地分析介质柱形状对 12 重准晶光子晶体绝对带隙的影响。图3-22给出了12重准晶光子晶体结构示意图，图中黑色圆点是为了便于和8重准晶结构区分。当相对介电常数取12.0，填充因子取相应的最佳填充因子0.35时，图3-22给出的12重准晶光子晶体在归一化频率为$(0.569\sim0.601)\omega/(2\pi c)$之间存在一个清晰的绝对带隙，见图3-23。

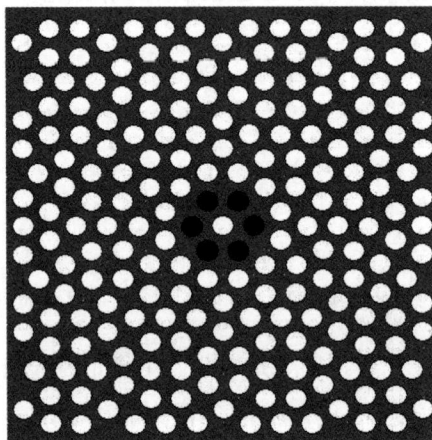

图 3-22　12 重准晶光子晶体结构示意图

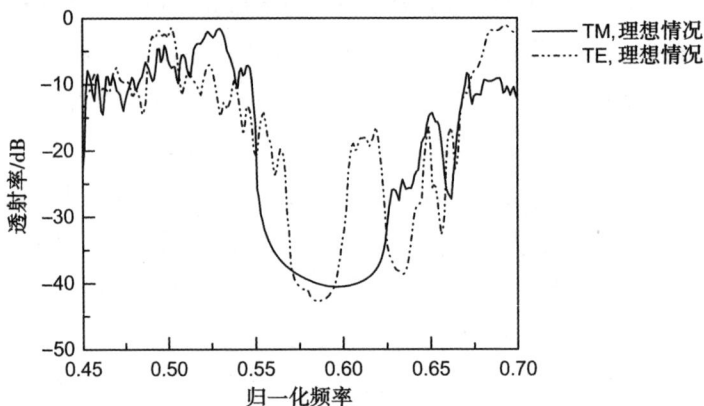

图 3-23　二维 12 重准晶光子晶体透射谱线图（$\varepsilon=12.0$，$r=0.35a$）

图3-24(a)(b)分别给出了这种12重准晶光子晶体对TE和TM的透射谱线随着介质柱形状的变化。由图3-24可以很容易地看出，两种偏振对应的带隙均随着介质柱形状对称性的降低而明显变窄，所以，绝对带隙也随着介质柱形状对称性的降低而显著变窄，特别是三角形介质柱构成的12重准晶光子晶体，其对TE模已经不存在带隙；介质柱形状对12重准晶光子晶体带隙的影响

比对 8 重准晶光子晶体带隙的影响大得多，即使介质柱为对称性较高的六边形，它对 TM 偏振带隙的影响也不可忽略。

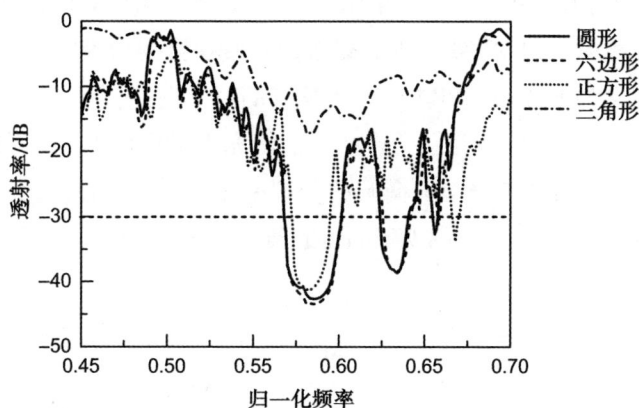

（a）TE 透射谱线随着介质柱形状变化图

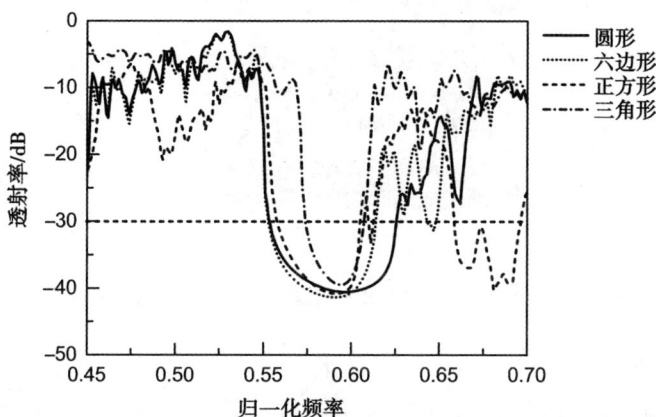

（b）TM 透射谱线随着介质柱形状变化图

图 3-24　12 重准晶光子晶体的透射谱线随着介质柱形状变化图

3.2.2　结构变形对准晶光子晶体带隙的影响

由于工艺等原因，构成准晶光子晶体的介质柱或空气孔不可避免地会出现结构上的偏离，从而由圆形或正方形等结构偏离成椭圆或长方形等结构。为了在工艺上能制造出更有实用价值的准晶光子晶体，必须分析与最大带隙相对应的几何尺寸的稳定性。首先，以圆形介质柱构成的 8 重准晶光子晶体为例，分析结构变形对其带隙的影响。

由 3.1.1 节可知，当 $\varepsilon=5.0$ 时，圆形介质柱构成的 8 重准晶光子晶体获得最大带隙对应的最佳填充因子（$r/a=0.24$）。在结构理想无偏差的情况下，上述结构对应的透射谱线见图 3-7，带隙位于归一化频率为（$0.394\sim0.488$）$\omega/(2\pi c)$ 之间。当介质柱的结构发生偏离时，圆形的介质柱会变为椭圆形，见图 3-25。椭圆率可以定义为 $L=r_y/r_x$。其中，r_y 为椭圆的短半轴，r_x 为椭圆的长半轴。对于加工产生的结构变形，可以认为介质杆的填充因子保持不变，而椭圆的长半轴和短半轴的长度发生变化，即椭圆的椭圆率发生改变。图 3-26 给出了 $L=0.3,0.5,1.0$ 对应的 8 重准晶光子晶体的透射谱线。

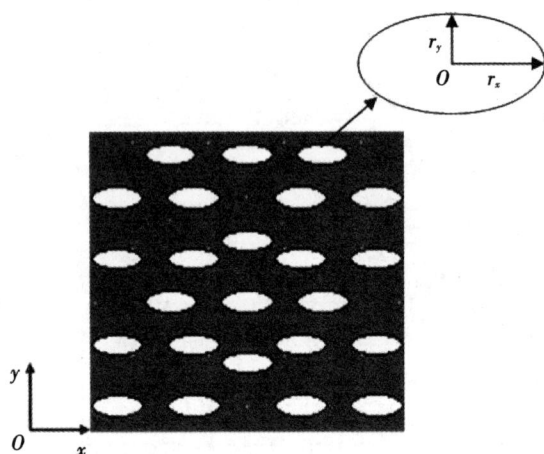

图 3-25　椭圆形介质柱构成的 8 重准晶光子晶体结构图（部分截取图）

从图 3-26 可以清晰地看出，随着介质柱椭圆率增大，也就是随着介质柱偏离理想结构越来越远，8 重准晶光子晶体的带隙变得越来越窄，并且中心频率逐渐朝着低频方向移动。椭圆率逐渐变小意味着圆形介质柱的对称程度逐渐变低，而相应的带隙逐渐变窄进一步地证明了前面的结论——准晶光子晶体的带隙宽度与介质柱的对称程度有关，并随着对称度降低而变窄。另外，该结果也表明，对于准晶光子晶体而言，介质柱形状的改变和介质柱形状对称性的降低并不能像周期性光子晶体那样增大带隙宽度，反而会降低带隙宽度。

为了进一步地仔细分析结构变形与带隙之间的关系，图 3-27 给出了 8 重准晶光子晶体的带隙随着椭圆率的变化图。由图 3-27 可以清晰地看出，8 重准晶光子晶体的带隙宽度随着椭圆率的变化非常缓慢，特别是从 $L=1.0$ 到 $L=0.7$ 之间时，带隙位置和宽度的变化几乎可以忽略；即使 $L=0.3$ 时，该结构的

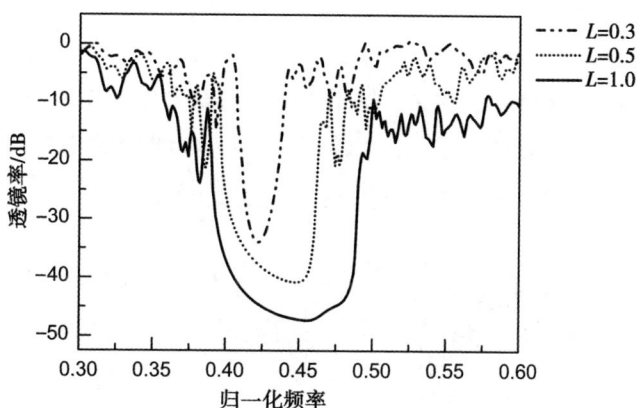

图 3-26　介质柱的 $L=0.3$, 0.5, 1.0 对应的 8 重准晶光子晶体的透射谱线图

相对带隙仍然有 5.9%。该结果说明，8 重准晶光子晶体的带隙对工艺上引起的轴长的偏离具有很高的稳定性。

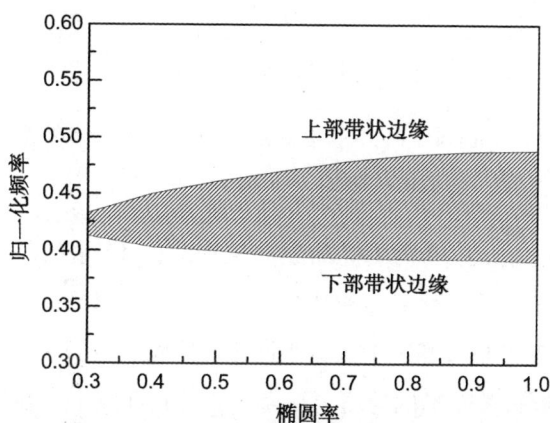

图 3-27　8 重准晶光子晶体带隙随着椭圆率变化图

　　另外，带隙与入射方向无关是准晶光子晶体的一个重要特征，因此，在研究结构变形对带隙的影响时，必然要涉及对该特性的讨论。图 3-28 给出了 $L=0.5$、$\varepsilon=5.0$ 及 $r/a=0.24$ 时，8 重准晶光子晶体的透射谱线随着入射角的变化。由于椭圆在 x 轴和 y 轴方向的偏差最大，因此，图 3-28 给出的是入射方向从 x 轴方向到 y 轴方向变化时对应的透射谱线，也就是入射角从 $0°$ 变化到 $90°$ 时对应的透射谱线。观察图 3-28 不难发现，入射角度对带隙的位置和宽度的影响几乎可以忽略，即使 $0°$ 和 $90°$ 对应的差别最大的两个带隙，其差别也是非常小的。这进一步地证实，准晶光子晶体带隙的各向同性与介质柱的形状无关，因此，可以承受较大的结构变形。另外，图3-27还表现出另一明显特点：随着入射方向增大，带隙变得越来越深。这是由于，随着入射方向增大，从入射方向看过去的介质柱的尺寸越来越大，这就使得光的透过率逐渐下降。同样，图3-28中带隙的深度随着椭圆率增大而变深也是类似原因。

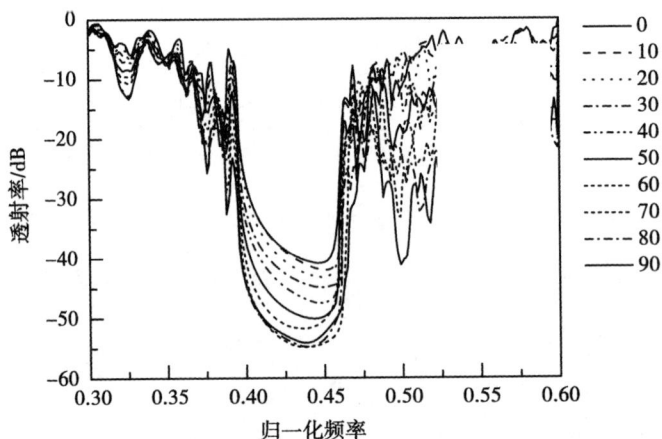

图3-28　当 $L=0.5$ 时，8重准晶光子晶体的透射谱线随着入射角
变化曲线图（$\varepsilon=5.0$，$r/a=0.24$）

类似地，还进一步地分析了椭圆介质柱构成的12重准晶光子晶体的绝对带隙随着椭圆率的变化。研究结果表明，椭圆介质柱构成的12重准晶光子晶体绝对带隙的宽度也随着椭圆率的减小而逐渐变窄，但变窄的速度比8重准晶光子晶体对TM模带隙变窄的速度要快得多：当 $L=0.8$ 时，绝对带隙位于归一化频率为 $(0.567\sim0.594)\omega/(2\pi c)$ 之间，带隙宽度几乎是圆形结构的一半；当 $L=0.6$ 时，绝对带隙已经完全消失；而带隙与入射方向无关这一特性与8重准晶光子晶体一致。

本节通过对圆形、正方形、六边形和三角形介质柱构成的准晶光子晶体的带隙特性的研究，揭示了准晶光子晶体的带隙与介质柱形状之间的关系：介质柱的形状对带隙的各向同性和中心频率位置没有影响；但是，带隙的宽度随着介质柱对称度降低而变窄，特别是对于三角形介质柱，带隙宽度变化比圆形和正方形构成的8重准晶光子晶体的带隙要略窄，但影响不是很大，因此，只要格点位置和填充因子保持不变，介质柱形状对8重准晶光子晶体带隙的影响几乎可以忽略；但是，介质柱形状对 12 重准晶光子晶体绝对带隙宽度的影响不可忽略。

通过对椭圆形介质柱构成的准晶光子晶体的带隙特性的研究，不仅证实了准晶光子晶体的带隙与介质柱形状之间的上述关系，而且进一步地揭示了带隙对工艺上可能引起的轴长偏离的稳定性：加工过程中出现的轴长偏离对带隙各向同性的影响可以忽略；而带隙宽度随着介质柱轴长偏离程度的增大而变窄，8 重准晶光子晶体对 TM 模的带隙宽度随着轴长偏离的变化比较缓慢，因此，该带隙对工艺上可能引起的结构变形具有很高的稳定性；而 12 重准晶光子晶体的绝对带隙宽度随着轴长偏离的变化则较快，因此，它对结构变形的稳定性比较低。上述研究结果为实际制作的工艺指数提供了参考。

另外，通过本节研究可知，对于准晶光子晶体而言，介质柱形状的改变和介质柱形状对称性的降低并不能增大带隙宽度；相反，随着介质柱形状降低，带隙宽度逐渐变窄，这与光子晶体可以通过降低结构的对称性来增大绝对带隙宽度这一性质是不同的。

由于无法定义严格的第一布里渊区，因此计算准晶光子晶体的能带结构非常困难。因此，我们暂时无法从物理机制上阐明介质柱形状对准晶光子晶体能带结构的具体影响，以及带隙宽度随着介质柱形状对称度降低而变窄的原因。

◆◇ 3.3 结构无序对准晶光子晶体传输特性的影响

8 重或 12 重准晶光子晶体由于结构简单、设计容易，是目前研究较多的两种结构，而且已经设计和提出了许多基于这两种结构的器件和应用，因此，研究这两种结构的带隙特性对于实际应用非常重要。然而，与周期性光子晶体一样，在制备过程中，由于受到工艺水平和设备条件等因素的限制，制备出的准晶光子晶体不仅会出现形状上的变形，而且在结构上也可能存在一定的缺陷和无序，从而与理想的结构之间有一定的随机误差。这种误差会对准晶光子晶体的传输特性造成一定的影响，进而影响基于该结构的器件性能。因此，讨论加工误差对传输特性产生的影响是必要的。

不仅如此，讨论结构无序对准晶光子晶体带隙的影响还对揭示带隙产生的原因有一定的作用。C.Jin 等人曾研究了一种无定形光子晶体的带隙特性，该结构是首先把介质柱置于边长为 a_1 的正方形单元的顶角上，然后把每一个正方形单元放置在晶格常数为 a_2 的一个正方形晶格的格点上，最后使每一个正方形单元围绕各自的中心任意旋转所形成的。这样的结构具有短程有序、长程无序的特征。他们通过分析发现，这种结构存在且只存在一个带隙，而且该带隙随着结构无序增大逐渐变窄；当结构完全无序时，带隙消失，因此，他们认为，这个低阶带隙的产生是短程有序的结果，高阶带隙则是长程有序的结果。但是，C.Jin 等人仅讨论了位置无序对这种无定形光子带隙的影响，而没有分析尺寸无序对其带隙的影响，以及位置无序和尺寸无序对常用结构——8 重和 12 重准晶光子晶体带隙的影响。Y.Wang 等人进一步地研究了短程旋转有序和长程旋转有序对三种 12 重准周期光子晶体光学特性的影响。研究结果表明，三种具有相同的短程旋转有序和不同的长程旋转有序结构的传输特性几乎完全相同，因此，他们认为，准晶光子晶体的光学特性仅由短程旋转有序决定。Y.Wang 等人虽然讨论了旋转无序对一种常用结构——12 重准晶光子晶体带隙的影响，但是，他们讨论的仅是 12 重准晶光子晶体的一个晶胞在空间按照三种不同旋转对称规律排布的结构，并没有具体涉及位置无序和尺寸无序对其带隙的影响。2006 年，C.Rockstuhl 等人详细地分析了位置无序、尺寸无序和介电常数无序对介质柱构成的 5 重、6 重和 7 重准晶光子晶体的局域态密度的影响后发现，这些结构的带隙对尺寸无序比对位置无序更为敏感，甚至在介质柱位置分布完全无序的情况下，也存在光子带隙，因此，他们认为，准晶光子晶体带隙的产生是单个介质柱的 Mie 共振的结果。另外，他们还指出，第二带隙比第一带隙更敏感。C.Rockstuhl 等人虽然揭示了 5 重、6 重和 7 重准晶光子晶体带隙随着尺寸无序和位置无序的具体变化规律，但是，他们也没有讨论结构无序对 8 重和 12 重这两种常用光子晶体结构带隙的影响。实际上，对于不同结构的准晶光子晶体，其带隙对结构无序的敏感程度不尽相同，甚至可能有很大的差别，因此，具体探讨位置无序和尺寸无序对这些高对称结构带隙特性的影响，揭示 8 重和 12 重准晶光子晶体的带隙随着结构无序的具体变化规律更为实用，但目前还未见这方面的专门报道。

另外，由于 12 重准晶光子晶体还是一种在允许的介电常数情况下可以获得绝对带隙的光子晶体结构，因此进一步地揭示结构无序对 12 重准晶光子晶体绝对带隙的影响非常重要。带隙与入射方向无关是准晶光子晶体的重要特性之一，也是许多应用的基础，故在讨论结构无序对带隙的影响时，有必要包含结构无序对这个特性影响的讨论，但这些方面也都未见专门报道。

本节采用 FDTD 法研究了结构无序对介质柱构成的 8 重和 12 重准晶光子晶体传输特性的影响。通过对 8 重准晶光子晶体带隙特性的研究，揭示了低阶带隙、高阶带隙，以及带隙各向同性随着加工过程中出现的位置无序和介质柱尺寸无序的变化规律；通过对 12 重准晶光子晶体带隙特性的研究，揭示了绝对带隙随着结构无序的变化规律，并将 8 重和 12 重准晶光子晶体的带隙对结构无序的敏感程度与 5 重、6 重和 7 重准晶光子晶体进行了对比。

3.3.1　结构无序对低阶带隙的影响

本章的数值研究方法仍然采用 FDTD 法，采用的光源仍然是脉冲源。图 3-29 给出了理想的二维 8 重准晶光子晶体结构示意图。其中 a 表示晶格常数，深灰色部分代表基底——空气，圆形代表介质柱，介质柱的相对 $\varepsilon=5.0$（$n=2.24$），r_0 取该介电常数下的最佳 $r=0.24a$，并选择 TM 模为研究对象。

在理想的情况下，每一个介质柱都严格地排列在 8 重准晶光子晶体的格点上，并且介质柱具有相同的尺寸，即半径相同，见图 3-29 所示。利用 FDTD 法可以计算 TM 偏振光沿不同方向入射到图 3-29 所示理想结构上的透射谱线，见图 3-30。由图 3-30 可以看出，8 重准晶光子晶体的带隙具有各向同性，即带隙的位置和宽度均与光的入射方向无关；带隙位于归一化频率为（0.394～0.488）$\omega/(2\pi c)$ 之间，相对带隙宽度 $\Delta\omega/\omega_g=21.1\%$。其中，$\Delta\omega$ 为光子带隙的绝对宽度，本节把它定义为该光子带隙右边沿和左边沿相对透过率为-40 dB 处频率的差值；ω_g 是光子带隙的中心频率，它等于该光子带隙右边沿和左边沿相对透过率为-40 dB 处频率之和除以 2。

但是，在实际的加工过程中，由于受到加工设备或工艺的限制，各介质柱所处的位置可能存在随机误差，而不是严格地排列在 8 重准晶光子晶体的格点上，见图 3-31(a)；而且各介质柱的尺寸也可能存在随机误差，甚至与理想情况有较大的偏差。通常，前一种情况称为位置无序或位置误差，后一种情况称为尺寸无序或尺寸误差。为了使问题简化，准晶光子晶体的这种无序可以被描述为一些特定的随机变量。对于位置随机误差，可以认为每一个介质柱都具有相同的 r_0，而第 i 个介质柱偏离理想位置的距离 Δx 和 Δy 是在区间 $[-dt, dt]$ 上均匀分布的随机变量。其中，dt 表示位置误差的大小，见图 3-31(b)。对于尺

图 3-29　二维 8 重准晶结构的光子晶体结构示意图

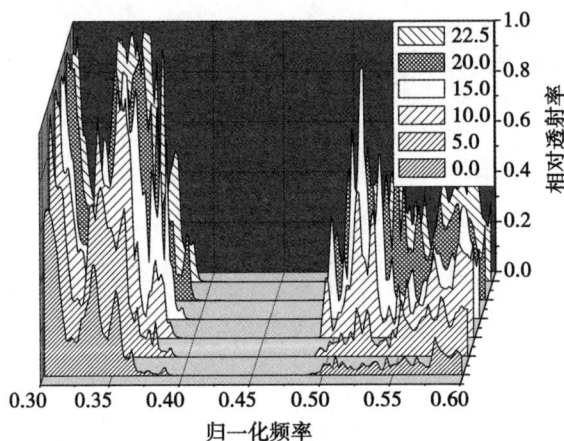

图 3-30　二维 8 重准晶光子晶体 TM 偏振光沿各个方向的

透射谱线图[$\varepsilon=5.0(n=2.24)$, $r=0.24a$]

寸误差, 可以认为第 i 个介质柱排列在晶格的原始位置上, 但是其 $r_i=r_0+\Delta r$, 其中 Δr 是在区间[$-dr$, dr]上均匀分布的随机变量, dr 表示尺寸误差的大小, 见图 3-31(c)。

　　需要说明的是, 尺寸误差和位置误差的取值大小并非任意, 而要受到介质柱自身的尺寸和介质柱之间距离的限制。例如, 对于 8 重准晶光子晶体, 当介质柱 $r=0.38a$ 时, 介质柱会彼此挨在一起, 所以, 每一个介质柱的半径加上最大尺寸误差或位置误差后, 都不能使 $r>0.38a$, 否则各介质柱会发生重叠, 这在

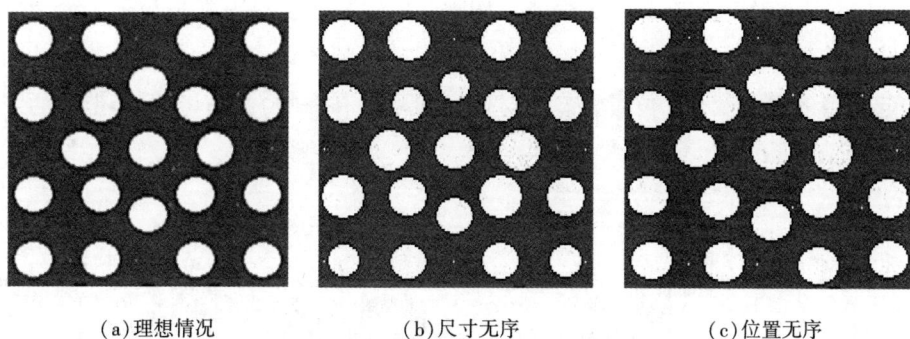

(a)理想情况　　　　　　　(b)尺寸无序　　　　　　　(c)位置无序

图 3-31　准晶光子晶体结构无序图

实际中是不可能的。对于本节讨论的介质柱取 $r=0.24a$ 的情况,尺寸误差最大只能取 $0.14a$;同理,位置误差也不能大于 $0.14a$。当尺寸误差和位置误差同时存在时,这两种误差之和不能大于 $0.14a$。

当宽频 TM 偏振光沿 x 轴入射到存在加工误差的 8 重准晶光子晶体上时,仍然可以采用 FDTD 法来计算其透射频率的分布曲线。图 3-32(a)(b)分别给出了具有不同位置误差和尺寸误差的 8 重准晶光子晶体对 TM 模的透射谱线。从图 3-32 中可以清楚地看到,各谱线都明显偏离了理想的、无误差的透射谱线,随着误差增大,带隙的中心频率朝着低频方向移动,带隙宽度逐渐变窄,而且介质柱的尺寸误差远大于位置误差对带隙的影响。对于位置误差,当误差分别为 $0.05a$,$0.10a$,$0.12a(0.5r_0)$ 时,带隙分别位于 $(0.393\sim0.486)\omega/(2\pi c)$、$(0.394\sim0.484)\omega/(2\pi c)$、$(0.393\sim0.482)\omega/(2\pi c)$ 之间,相应的相对带隙宽度 $\Delta\omega/\omega_g$ 分别是 21.1%,20.7%,20.1%,由此可知,较小的位置误差($dt=0.05a$)对带隙宽度的影响可以忽略,即使在很大的位置误差($dt=0.12$,$a=0.5r_0$)情况下,带隙宽度也只改变了 1%。而对于尺寸误差,当误差分别为 $0.05a$,$0.10a$ 时,带隙分别位于 $(0.404\sim0.475)\omega/(2\pi c)$ 和 $(0.412\sim0.449)\omega/(2\pi c)$ 之间;当误差为 $0.12a(0.5r_0)$ 时,带隙完全消失,相应的相对带隙宽度 $\Delta\omega/\omega_g$ 分别是 16.8%,8.6%,0。通过简单的计算可知,对于较小的尺寸误差($dr=0.05a$),带隙降为理想结构的 80%;对于较大的尺寸误差 $0.10a$,带隙进一步地降为理想结构的 41%;当尺寸误差达到介质柱半径的一半($0.12a$)时,带隙甚至完全消失。显然,在相同大小的误差条件下,尺寸误差比位置误差对 8 重准晶光子晶体的带隙影响更大,这与 C.Rockstuhl 等人所讨论的 5 重、6 重和 7 重准晶光子晶体带隙的变化规律一致。而尺寸误差的影响之所以大,其原因是：由介质柱构成的准晶光子晶体结构中产生带隙的主要因素是与单个介质柱半径有关的 Mie 共振，尺寸误差会引起 Mie 共振频率偏离中心共振频率，从而引起带隙的显著变化，位置误差则对 Mie 共振没有影响，故不会引起带隙的明显改变。

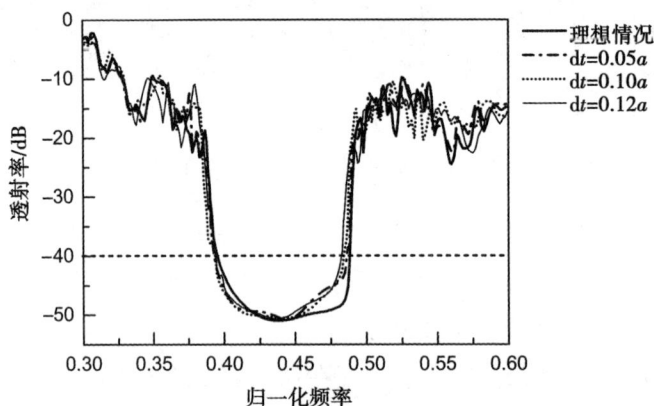

（a）位置误差

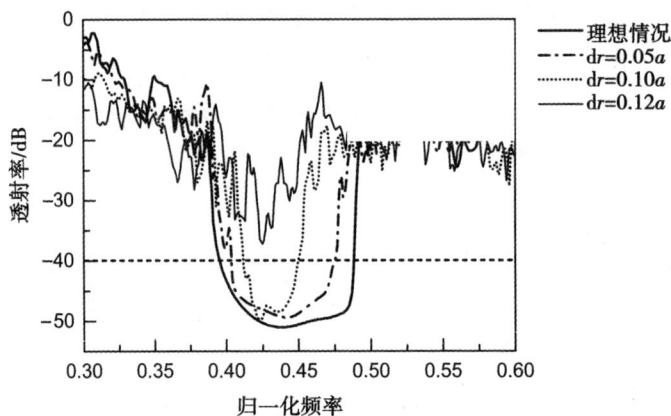

（b）尺寸误差

图 3-32　具有不同误差大小的准晶光子晶体的透射谱线图

加工误差破坏了准晶光子晶体原有的对称性，那么是否会影响到其带隙的各向同性呢？图 3-33（a）（b）分别给出了位置误差和尺寸误差均为 0.10a 时，8 重准晶光子晶体在 0~22.5°入射范围内的透射谱线。

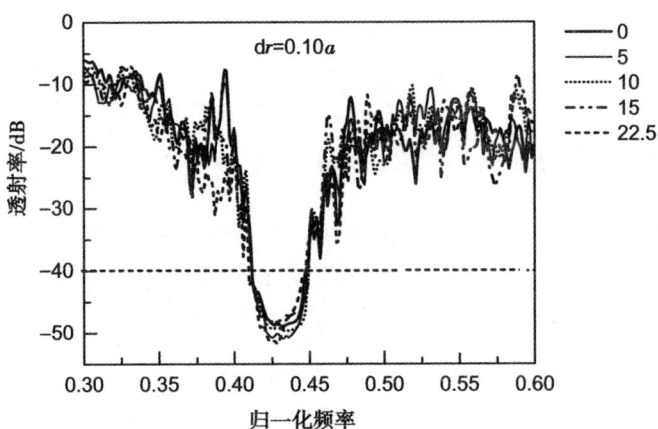

（a）位置误差为 0.10a

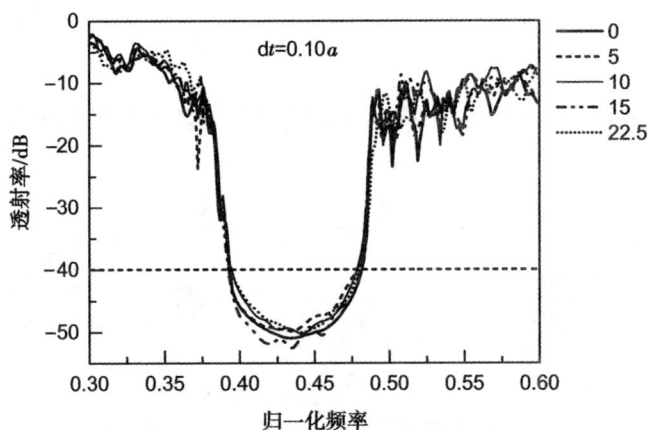

（b）尺寸误差为 0.10a

图 3-33　当位置误差和尺寸误差为 0.10a 时，准晶光子晶体沿各个方向的透射谱线图

由图 3-33 可以看出，较大的尺寸误差和位置误差均未对该入射范围内带隙的位置和宽度产生明显的影响，即带隙在较大的尺寸误差和位置误差范围内各向同性都保持得很好。为了严格地验证其各向同性，我们还进一步地计算了其他方向上的透射谱线，结果表明，8 重准晶光子晶体的各向同性在所有方向上都能很好地保持。产生这种现象的原因主要是：位置误差和尺寸误差都是随机函数，虽然单个介质柱在位置和尺寸上偏离了理想情况，但对于本书讨论的包含大量的介质柱的结构（见图 3-29），这种误差在整个结构上几乎是均匀的、与方向无关的，因此不会影响带隙的各向同性。由上面的分析可知，准晶光子晶体的带隙各向同性可以承受较大的尺寸误差和位置误差，因此具有很高的稳定性。

3.3.2 结构无序对高阶带隙的影响

前面实际上仅讨论了无序或加工误差对准晶光子晶体第一带隙，也就是对低阶带隙的影响。实际上，讨论无序对带隙的影响还需包含对高阶带隙的影响。例如，在对周期性光子晶体的讨论中，Z.Li 等人曾指出结构无序对光子带隙的影响还与带隙所处的频率位置有关，处在高频率的带隙要比处于低频率的带隙对结构无序更加敏感。C.Jin 等人曾分析了无定形结构的光子带隙，也就是位置无序的光子晶体的带隙，但是，尺寸无序对准晶光子晶体高阶带隙的具体影响还没有专门的讨论，本节将在 3.3.1 节基础上，讨论结构无序对高阶带隙的影响。随着结构参数的变化，本节的光子带隙定义为右边沿和左边沿相对透过率为 -35 dB 处频率的差值。

图 3-34 给出了 $\varepsilon=12.0$，$r=0.25a$ 的介质柱构成的 8 重准晶光子晶体的透过率分布曲线。

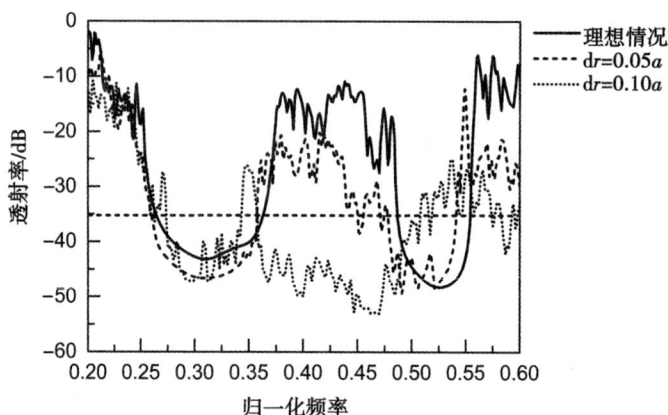

图 3-34 存在尺寸误差情况下，8 重准晶光子晶体的透射率分布曲线图

($\varepsilon=12.0$，$r=0.25a$)

由图 3-34 可以看到，在理想情况下，该结构在归一化频率为 $(0.200 \sim 0.600)\omega/(2\pi c)$ 之间存在两个明显的带隙，第一个带隙和第二个带隙分别位于 $(0.265 \sim 0.363)\omega/(2\pi c)$ 之间和 $(0.487 \sim 0.554)\omega/(2\pi c)$ 之间，相对带隙宽度

分别为 31.2% 和 12.9%。当结构中引入位置无序时，该准晶光子晶体的带隙发生了变化。当尺寸无序为 0.05a 时，第一带隙和第二带隙分别位于 $(0.260 \sim 0.357)\omega/(2\pi c)$ 之间和 $(0.471 \sim 0.541)\omega/(2\pi c)$ 之间，相对带隙宽度分别为 31.0% 和 13.8%。当尺寸无序为 0.10a 时，第一带隙位于 $(0.274 \sim 0.343)\omega/(2\pi c)$ 之间，相对带隙宽度为 22.4%；第二带隙则变化非常明显，该带隙与理想情况下的透过频率部分合并，形成了一个很大的带隙，位于 $(0.358 \sim 0.508)\omega/(2\pi c)$ 之间，相对带隙宽度为 34.6%。上述研究结果表明，第一带隙的变化规律与前面的讨论基本一致——带隙宽度随着尺寸无序增大而变窄；但是，第二带隙随着尺寸无序增大不但没有变窄，反而有变宽的趋势，这与周期性光子晶体带隙的变化规律完全不同，是以往没有注意到的现象。

为了分析这种现象产生的原因，我们又计算了 $\varepsilon = 12.0$ 和 $r = 0.185a$ 的介质柱构成的 8 重准晶光子晶体的透过率分布曲线，见图 3-35。由图 3-34 可以看出，该结构也存在两个带隙，第一个带隙位于 $(0.301 \sim 0.453)\omega/(2\pi c)$ 之间，第二个位于 $(0.705 \sim 0.712)\omega/(2\pi c)$ 之间。当尺寸无序逐渐增大时，第一带隙逐渐变窄，而第二带隙在较小尺寸无序（$dr = 0.05a$）情况下消失。这与周期性光子晶体的情况是一致的。此外，我们还注意到，当尺寸无序为 $dr = 0.10a$ 时，原来位于带隙以外的频率 $(0.454 \sim 0.547)\omega/(2\pi c)$ 范围内的光透过率下降，产生一个较大的光子带隙。

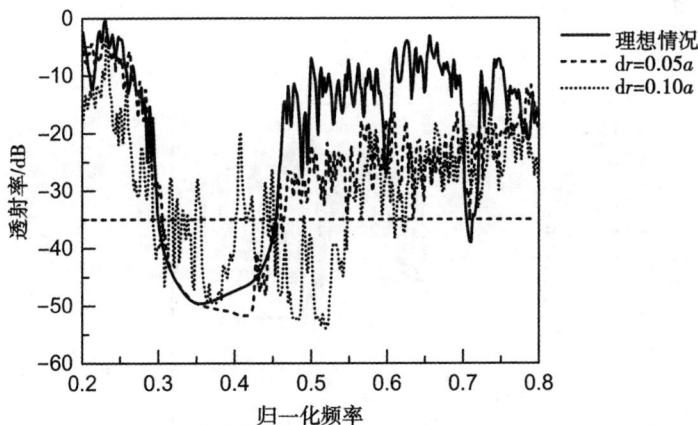

图 3-35　存在尺寸误差情况下，8 重准晶光子晶体的透射率分布曲线图

($\varepsilon = 12.0$, $r = 0.185a$)

为什么图 3-34 中高频部分带隙的变化规律与周期性光子晶体不同，而图 3-35 中高频部分带隙的变化规律与周期性光子晶体相同呢？为什么随着尺寸无序增大，图 3-34 和图 3-35 中都产生了一个新的带隙呢？带着这些问题，可对这两幅图对应的准晶光子晶体的带隙进行更为仔细的研究和分析。分析结果表明，图 3-34 中第二带隙即使在只有很少的介质柱的情况下也是存在的，故是短程有序的结果，这种带隙可称为低阶带隙；而图 3-35 中第二带隙则需要较多的介质柱才会出现，故是长程有序的结果，这种带隙可称为高阶带隙。由于尺寸无序破坏的是长程的有序，因此准晶光子晶体中只有长程有序产生的带隙才会对无序特别敏感（见图 3-35 所示结果），而短程有序产生的带隙对尺寸无序不是特别敏感（见图 3-34 所示结果）。因此，准晶光子晶体带隙随着尺寸无序的变化规律与周期性光子晶体基本一致——高阶带隙比低阶带隙对尺寸无序更为敏感。新的大带隙产生的原因是，不同尺寸的介质柱对应着不同的 Mie 共振频率，随着尺寸无序增大，会产生许多不同尺寸的介质柱，这些介质柱会激发许多 Mie 共振频率，由于介质柱尺寸相邻，因此激发的带隙也会随着尺寸无序增大逐渐连在一起，这样，在透射谱线上，会产生一个较大的带隙。当这些频率恰好位于两个带隙之间时，如果新带隙接近第二个带隙，该带隙就会与第二带隙重叠，从而呈现出第二带隙展宽的情况，见图 3-34 所示；如果新带隙接近第一个带隙，就会出现第一带隙展宽的情况。

图 3-36 给出了在位置无序存在的情况下，$\varepsilon = 12.0$，$r = 0.185a$ 的介质柱构成的 8 重准晶光子晶体的透射率分布曲线。

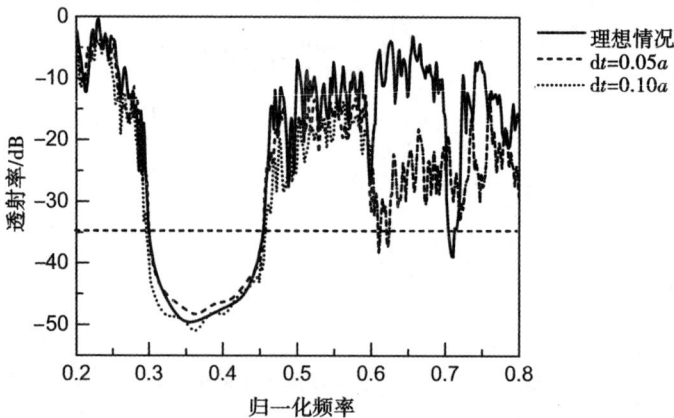

图 3-36　存在位置误差情况下，8 重准晶光子晶体的透射率分布曲线图

（$\varepsilon = 12.0$，$r = 0.185a$）

由图 3-36 可以清楚地看到，随着位置无序增大，低阶光子带隙的变化几乎可以忽略，高阶带隙则迅速消失，这与周期性光子晶体带隙的变化规律基本一致。同时，以上结果进一步地证实了 C.Jin 等人的结果——低阶带隙是短程有序的结果，而高阶带隙是长程有序的结果，因此，当长程有序被破坏时，高阶带隙会迅速消失，低阶带隙则不受影响。

目前，波长为 500 nm 的半导体微加工技术的误差只有 1%~2%。如果在数值研究中选取的 $a=500$ nm，那么相应的加工误差为 $(0.01~0.02)a$，明显小于前面讨论的无序程度 $0.05a$ 和 $0.10a$。为了清楚地比较在误差允许的范围内，结构误差或无序对带隙特性的影响，图 3-37 和图 3-38 分别给出了尺寸误差和位置误差为 $0.02a$，$\varepsilon=12.0$，$r=0.185a$ 时，8 重准晶光子晶体的透射率分布曲线。由图 3-37 可以看到，当尺寸误差为 $0.02a$ 时，8 重准晶光子晶体的低阶带隙略微变窄，但与无误差时几乎重合；高阶带隙的右边缘与理想无误差时几乎重合，而左边缘明显右移，整体带隙宽度明显变窄。由图 3-38 可知，当位置误差为 $0.02a$ 时，8 重准晶光子晶体的低阶带隙与无误差时几乎完全重合，高阶带隙仅略微变窄。因此，在加工误差允许的范围内，尺寸无序和位置无序对 8 重准晶光子晶体低阶带隙的影响，以及位置无序对高阶带隙的影响都可以忽略，尺寸无序对高阶带隙的影响则不可忽略。

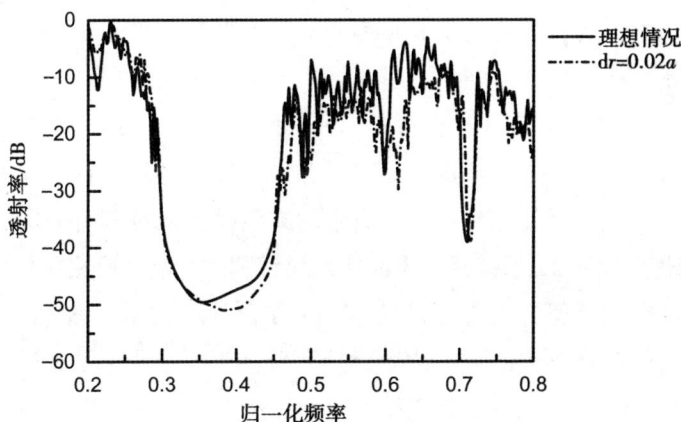

图 3-37   当尺寸误差为 0.02a 时，8 重准晶光子晶体的透射率分布曲线图

($\varepsilon=12.0$，$r=0.185a$)

同时，图 3-37 和图 3-38 也充分地反映了准晶光子晶体的带隙随着结构无序的变化规律：随着尺寸无序和位置无序的增大，低阶带隙和高阶带隙的宽度均变窄；而高阶带隙比低阶带隙对结构无序更为敏感；尺寸无序对带隙的影响大于位置无序，这与周期性光子晶体带隙随着结构无序的变化规律一致。另外，准晶光子晶体的各向同性可以承受较大的尺寸无序和位置无序。

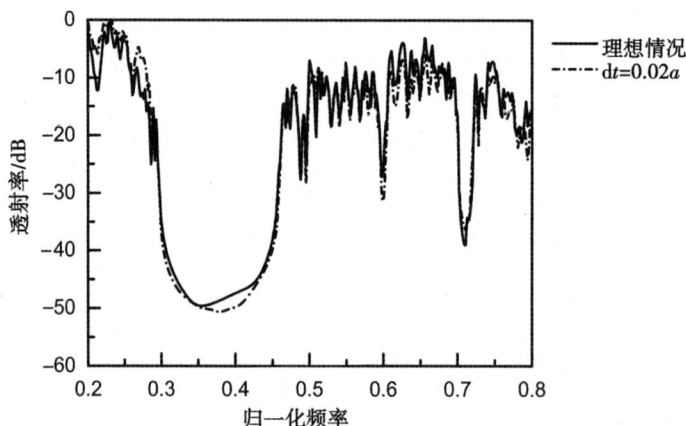

图3-38　当位置误差为 0.02a 时，8 重准晶光子晶体的透射率分布曲线图

($\varepsilon = 12.0$, $r = 0.185a$)

3.3.3　结构无序对绝对带隙的影响

3.3.1 节和 3.3.2 节是以 8 重准晶光子晶体为例，研究了结构无序对准晶光子晶体带隙特性的影响。然而，研究结果表明，在允许的介电常数条件下，8 重准晶光子晶体无法得到 TE 模和 TM 模的重叠带隙——绝对带隙。但是，在实际应用中，绝对带隙更为实用，而 12 重准晶光子晶体是一种可以获得绝对带隙的光子晶体结构，而且它在获得无缺陷的缺陷模方面也具有一定的优势，因此，研究结构无序对 12 重准晶光子晶体绝对带隙的影响更有实用价值。

图3-39 给出了理想的二维 12 重准晶光子晶体结构示意图，其中，晶格常数为 a，深灰色部分为基底——空气，圆形代表介质柱，为了与 8 重准晶光子晶体对比方便，中心位置的几个介质柱用黑色标注。12 重准晶光子晶体除具有准晶光子晶体的一般特性外，还具有绝对带隙，见图 3-40 所给出的理想无误差情况下的透射谱线。其中，介质柱的 $\varepsilon = 12.0$，半径为获得最大带隙的最佳 $r = 0.35a$。从图 3-40 中可以清楚地看到，该结构在归一化频率为 (0.569 ~ 0.601) $\omega/(2\pi c)$ 之间存在一个清晰的绝对带隙，相对带隙宽度 $\Delta\omega/\omega_g = 5.5\%$。

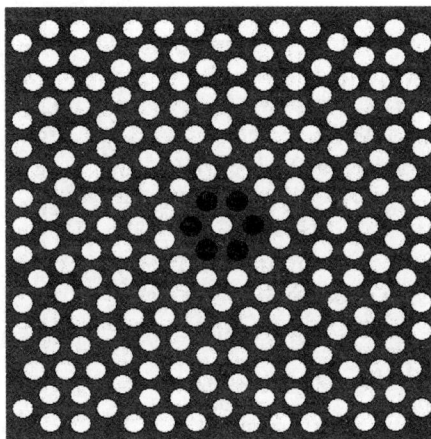

图 3-39 二维 12 重准晶结构的光子晶体结构示意图

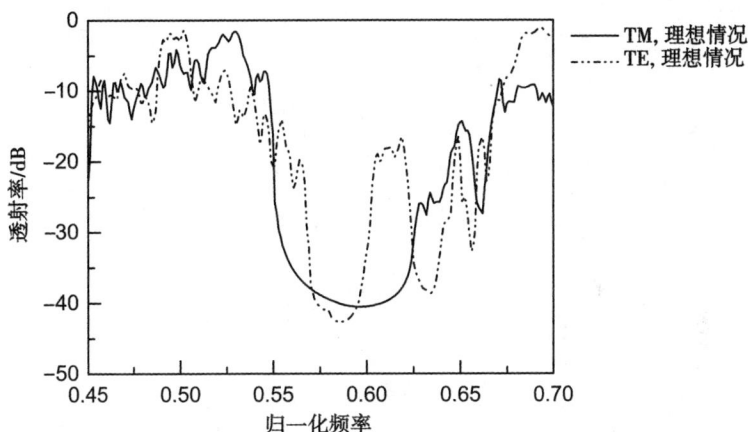

图 3-40 二维 12 重准晶光子晶体的透射谱线图($\varepsilon = 12.0$, $r = 0.35a$)

图 3-41(a)(b)分别给出了尺寸无序和位置无序均为 $0.05a$ 时,12 重准晶光子晶体的透射谱线。由于 TM 模的带隙比 TE 模的带隙宽得多,因此绝对带隙的宽度主要由 TE 模对应的带隙宽度决定。

从图 3-41 中可以看出,当尺寸无序为 $0.05a$ 时,绝对带隙几乎完全消失;而当位置无序为 $0.05a$ 时,绝对带隙位于归一化频率为 $(0.570 \sim 0.598)\omega/(2\pi c)$ 之间,相对带隙宽度 $\Delta\omega/\omega_g = 4.8\%$,带隙是理想情况时的 85.5%,远小于尺寸误差带来的变化,因此,绝对带隙与 8 重准晶光子晶体带隙的变化规律一致——尺寸无序和位置无序都会使带隙变窄,但尺寸无序比位置无序对带隙的

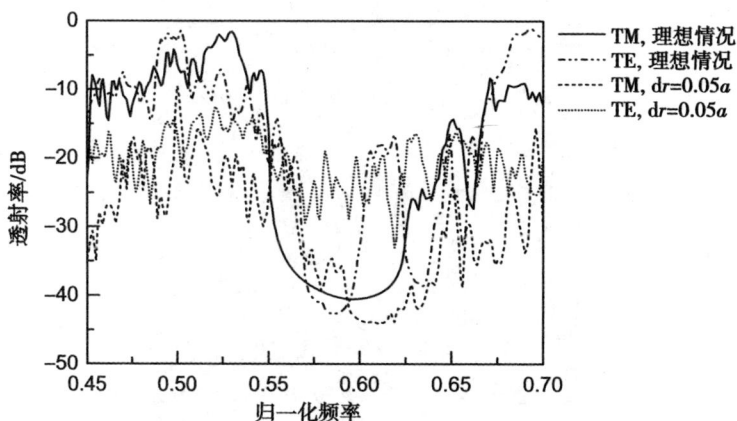

(a) 尺寸无序

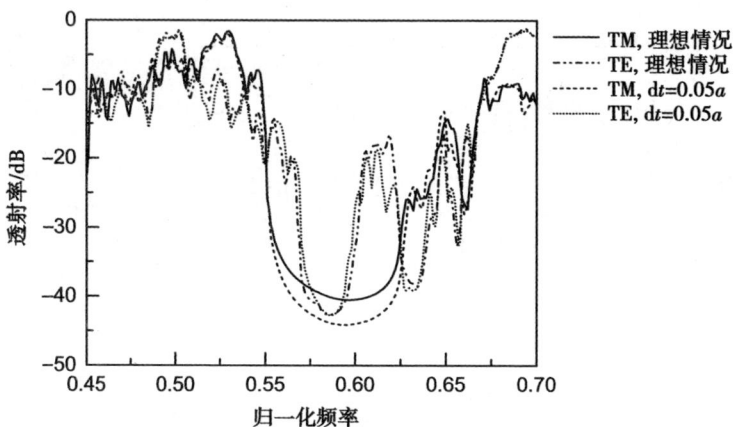

(b) 位置无序

图 3-41   尺寸无序和位置无序分别为 0.05a 时，12 重准晶光子晶体的透射谱线图

影响更大。

　　同样，在总结了绝对带隙随着结构无序的变化规律后，我们来分析实际加工误差对其的影响。类似于前面的分析，当加工波长为 500 nm 时，半导体微加工技术的加工误差为 1% ~ 2%，因此，当取 $a = 500$ nm 时，相应的加工误差为 $(0.01 \sim 0.02)a$。图 3-42(a)(b) 分别给出了尺寸误差和位置误差均为 0.02a 时，12 重准晶光子晶体的透射谱线。从图 3-42 可以看到，当尺寸误差为 0.02a 时，决定绝对带隙宽度的、对应于 TE 模的谱线位于 $(0.566 \sim 0.598)\omega/(2\pi c)$ 之间，相对带隙宽度为 5.5%，虽然宽度相对于理想情况没有改变，但中心频率朝着低频方向发生了移动，因此，带隙位置与理想情况略有偏差；当位置误差为 $0.02a$ 时，相应的绝对带隙位于 $(0.569 \sim 0.600)\omega/(2\pi c)$ 之间，相对带隙宽度为 5.3%，虽然带隙宽度略微变窄，但带隙几乎与理想情况对应的带隙完全重合。因此，在加工误差允许的范围内，尺寸误差和位置误差对绝对带隙的影响几乎都可以忽略。

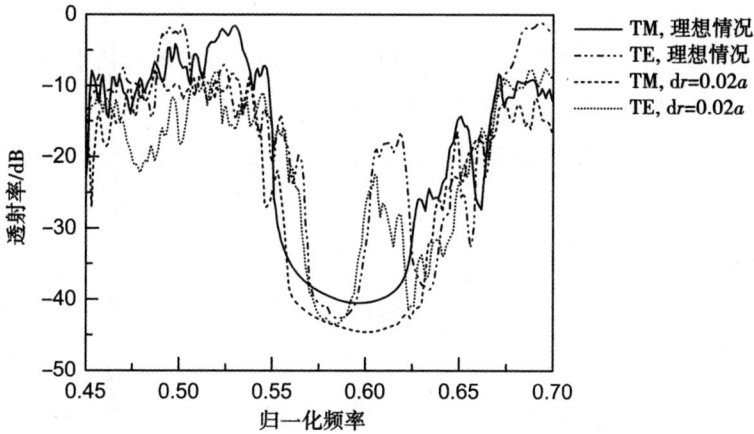

(a)尺寸误差

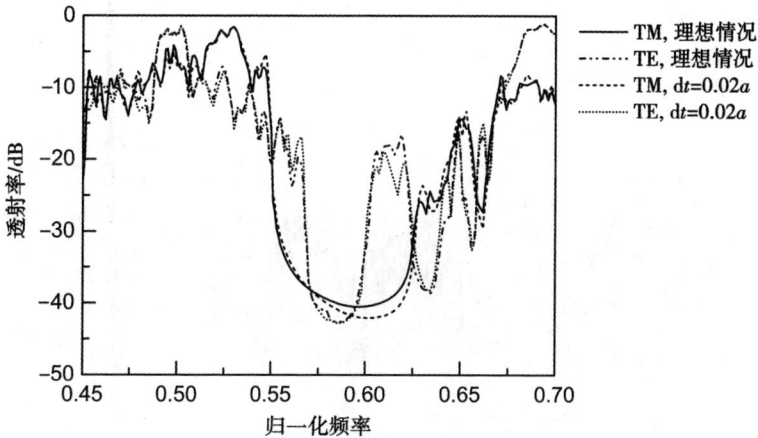

(b)位置误差

图 3-42　尺寸误差和位置误差分别为 $0.02a$ 时，12 重准晶光子晶体的透射谱线图

3.3.4 5~8 重和 12 重准晶光子晶体的带隙对结构无序敏感程度的比较

前面讨论了在最佳填充因子条件下，结构无序对 8 重准晶光子晶体完全带隙和 12 重准晶光子晶体绝对带隙的影响，揭示了它们随着结构无序的变化规律。然而，对于不同结构的准晶光子晶体，其带隙对结构无序的敏感程度有很大的差别。为了进一步地比较 8 重和 12 重准晶光子晶体的带隙和 5 重、6 重、7 重准晶光子晶体的带隙对结构无序敏感程度的差别，必须对相同条件下 8 重和 12 重准晶光子晶体的带隙随着结构无序的变化进行分析。

C.Rockstuhl 等人指出，当介质柱的相对 $\varepsilon=13.0$，r_0 取 $r=0.20a$ 时，5 重、6 重、7 重准晶光子晶体在尺寸无序为 $0.12a$ 时，对 TM 模的第一带隙消失；在尺寸无序为 $0.03a$ 时，第二带隙消失。而这些准晶光子晶体在位置无序达到 a 时，第一带隙仍然存在。而在位置无序为 $0.30a$ 时，6 重准晶光子晶体的第二带隙消失；在位置无序为 $0.15a$ 时，7 重准晶光子晶体的第二带隙消失。

对于介质柱的相对 $\varepsilon=13.0$，r_0 取 $r=0.20a$ 的情况，图 3-43 和图 3-44 分别给出了尺寸无序为 $0.03a$，$0.12a$[图 3-43（a）（b）]和位置无序为 $0.10a$，$0.25a$[图 3-44（a）（b）]时，8 重准晶光子晶体对 TM 模的透射谱线。

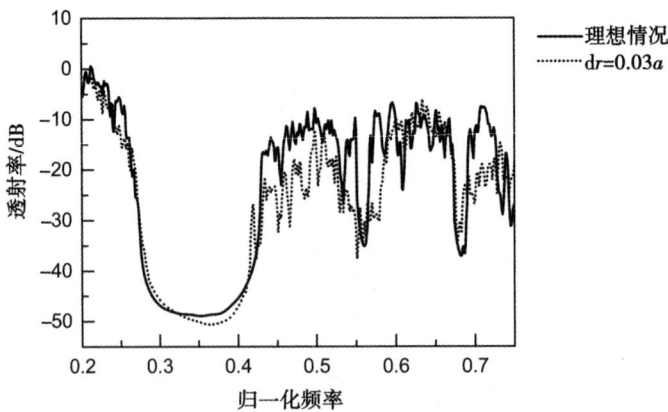

（a）尺寸无序为 $0.03a$

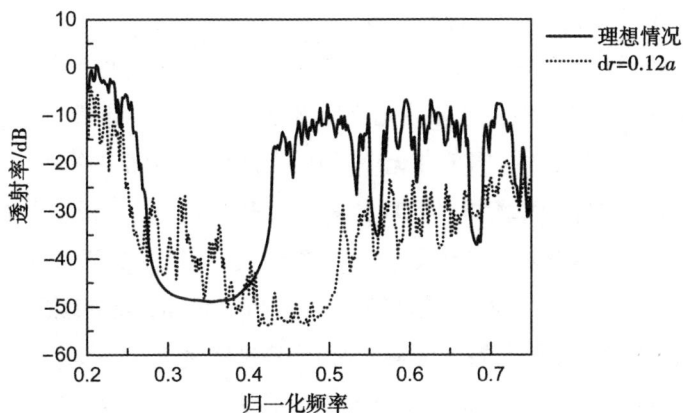

（b）尺寸无序为 0.12a

图 3-43 当尺寸无序分别为 **0.03a** 和 **0.12a** 时，8 重准晶光子晶体的透射谱线图

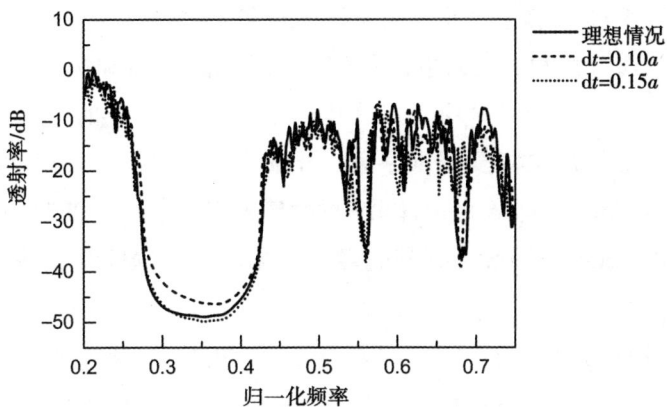

（a）位置无序为 0.10a

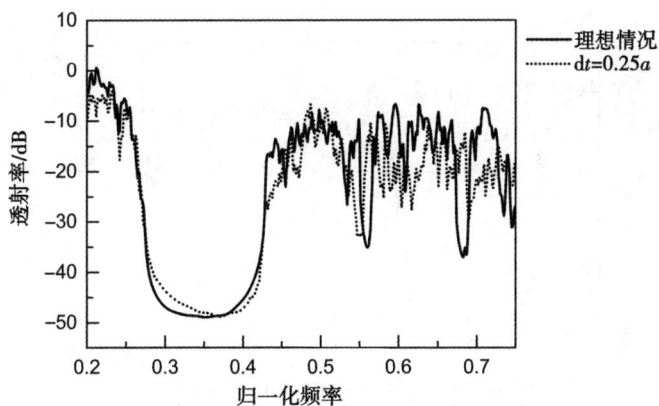

（b）位置无序为 0.25a

图 3-44 当位置无序分别为 **0.10a** 和 **0.25a** 时，8 重准晶光子晶体的透射谱线图

91

从图 3-43 可以看出：在理想情况下，8 重准晶光子晶体不仅存在 5 重、6 重和 7 重准晶光子晶体的第一带隙和第二带隙，而且在归一化频率 $0.680\omega/(2\pi c)$ 附近还存在一个第三带隙；当尺寸无序为 $0.03a$ 时，第二带隙不但没有消失，反而变宽，第三带隙变窄；当尺寸无序为 $0.12a$ 时，虽然原来的第一带隙消失，但是在原来第一带隙频率附近的高频位置又出现了一个新的带隙。通过分析可知，新带隙产生的原因是：随着尺寸无序增大，新产生的与原来介质柱尺寸不同的介质柱激发了新的带隙，而新带隙的位置恰好位于原来带隙的右侧，这与 5 重、6 重和 7 重准晶光子晶体随着尺寸无序的变化规律不同。从图 3-44 可知，当位置无序达到 $0.25a$ 时，8 重准晶光子晶体的第一带隙仍然存在，而第二带隙朝着低频方向移动，第三带隙消失；当位置无序为 $0.10a$ 时，第二带隙几乎没有变化，而第三带隙已经开始变窄。

因此，与 5 重、6 重和 7 重准晶光子晶体的带隙相比，8 重准晶光子晶体的第一带隙对尺寸无序和位置无序的敏感程度与 5 重、6 重和 7 重准晶光子晶体差不多，但是，随着尺寸无序增大，在其附近会出现一个新的带隙，这与 5 重、6 重和 7 重准晶光子晶体显著不同；第二带隙对尺寸无序的敏感程度比 5 重、6 重和 7 重准晶光子晶体低，对位置无序的敏感程度介于 6 重和 7 重准晶光子晶体之间；C.Rockstuhl 等人没有讨论的第三带隙比第一带隙和第二带隙对结构无序都更为敏感。

对于介质柱的相对 $\varepsilon=13.0$、r_0 取 $r=0.20a$ 的情况，图 3-45 和图 3-46 分别给出了尺寸无序为 $0.03a$, $0.12a$(见图 3-45)和位置无序为 $0.10a$, $0.25a$(图 3-46)时，12 重准晶光子晶体对 TM 模的透射谱线。

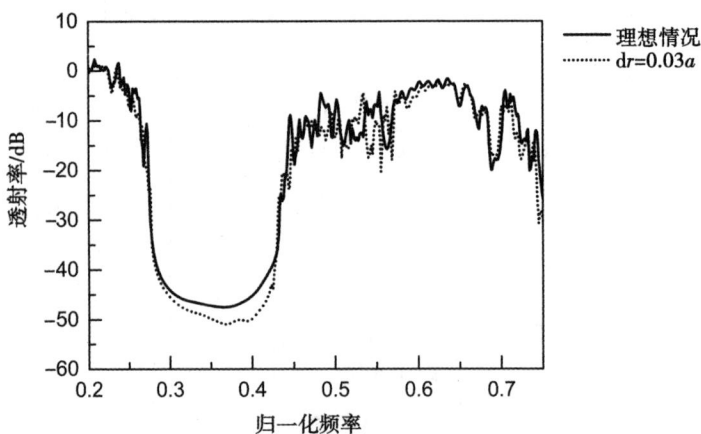

(a)尺寸无序为 $0.03a$

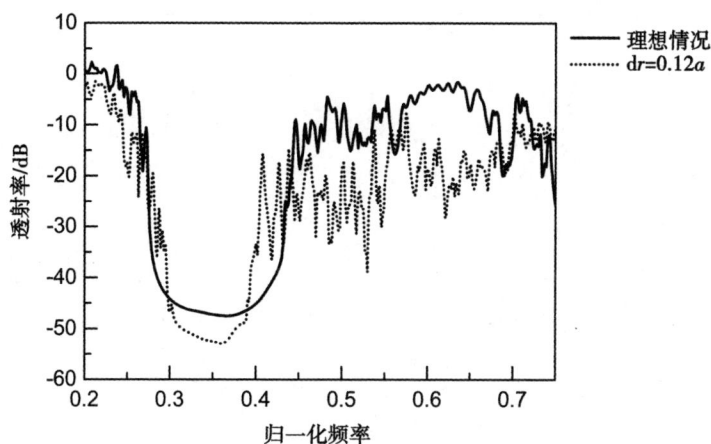

（b）尺寸无序为 0.12*a*

图 3-45　尺寸无序为 0.03*a* 和 0.12*a* 时，12 重准晶光子晶体的透射谱线图

从图 3-45 可以看出：在理想的情况下，12 重准晶光子晶体在归一化频率为 0.680 附近也存在一个第三带隙；当尺寸无序为 0.03*a* 时，12 重准晶光子晶体第二带隙完全消失，第三带隙几乎没有变化；当尺寸无序达到 0.12*a* 时，第一带隙仅变窄，但没有消失，这与 5 重、6 重和 7 重准晶光子晶体随着尺寸无序的变化规律不同。

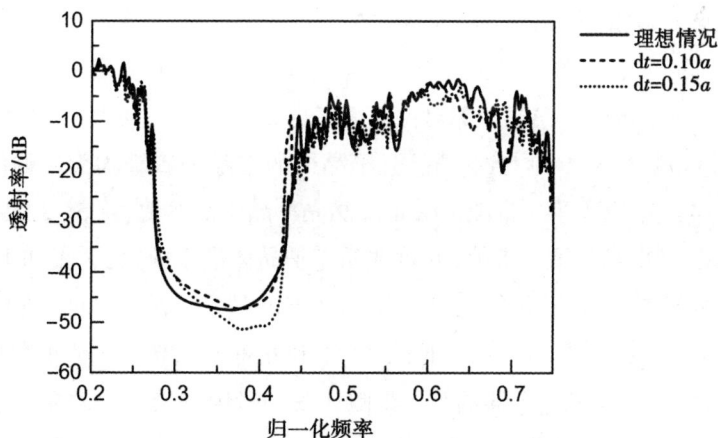

（a）位置无序为 0.10*a*

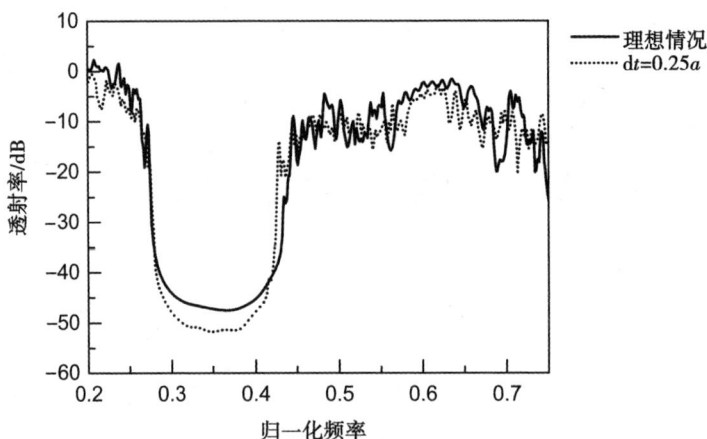

（b）位置无序为 0.25a

图 3-46　位置无序分别为 0.10a 和 0.25a 时，12 重准晶光子晶体的透射谱线图

从图 3-46 可知，当位置无序达到 0.25a 时，12 重准晶光子晶体的第一带隙仍然存在，第二带隙和第三带隙均消失；当位置无序为 0.10a 时，第二带隙几乎没有变化，而第三带隙变得略窄。

因此，与 5 重、6 重和 7 重准晶光子晶体的带隙相比，12 重准晶光子晶体的第一带隙对位置无序的敏感程度与 5 重、6 重和 7 重准晶光子晶体差不多，但是，对尺寸无序的敏感程度比 5 重、6 重和 7 重准晶光子晶体要低；第二带隙对尺寸无序的敏感程度与 5 重、6 重和 7 重准晶光子晶体差不多，对位置无序的敏感程度介于 6 重和 7 重准晶光子晶体之间；第二带隙比第三带隙对尺寸无序更敏感，第三带隙比第二带隙对位置无序更敏感。

综上所述，5~8 重和 12 重准晶光子晶体的带隙随着结构无序的敏感程度有如下规律：① 对于第一带隙，12 重准晶光子晶体最不敏感，5~8 重准晶光子晶体差不多；② 对于第二带隙，6 重准晶光子晶体最不敏感，8 重和 12 重准晶光子晶体的敏感程度差不多，介于 6 重和 7 重准晶光子晶体之间，最敏感的是 7 重准晶光子晶体；③ 对于第三带隙，5 重和 6 重准晶光子晶体不存在第三带隙，7 重和 8 重准晶光子晶体的第三带隙比第一带隙和第二带隙更敏感，12 重准晶光子晶体的第三带隙与结构无序的类型有关，其第二带隙比第三带隙对尺寸无序更敏感，第三带隙比第二带隙对位置无序更敏感。

本节采用 Crystalwave 软件提供的 FDTD 法，对 8 重和 12 重准晶光子晶体的传输特性进行了研究，首次揭示了准晶光子晶体的高阶带隙、低阶带隙、带隙各向同性，以及绝对带隙随着制备过程中出现的尺寸无序和位置无序的变化规律，并将 8 重和 12 重准晶光子晶体的带隙对结构无序的敏感程度与 5 重、6 重和 7 重准晶光子晶体进行了对比。主要得到以下结论。

(1)随着介质柱尺寸无序和位置无序的增大，准晶光子晶体的高阶带隙和低阶带隙的相对宽度均变窄；介质柱的尺寸无序对带隙的影响远大于位置无序的影响；高阶带隙比低阶带隙对结构无序更为敏感；即使在较大的尺寸无序和位置无序存在的情况下，低阶带隙的各向同性也能很好地保持。

(2)随着尺寸无序和位置无序的增大，绝对带隙逐渐变窄，但尺寸无序比位置无序对带隙的影响更大：当较小的尺寸无序存在时，绝对带隙的宽度已经明显变窄；而当较大的位置无序存在时，绝对带隙宽度的变化几乎可以忽略。

(3)目前，对应于 500 nm 的加工波长，半导体微加工技术的误差只有 1%~2%。在该加工误差允许的范围内，尺寸误差和位置误差对准晶光子晶体的低阶带隙和绝对带隙的影响，以及位置误差对高阶带隙的影响都可以忽略，而尺寸误差对高阶带隙的影响则不可忽略。

(4)对于第一带隙，12 重准晶光子晶体最不敏感，5~8 重准晶光子晶体的敏感程度差不多；对于第二带隙，6 重准晶光子晶体最不敏感，7 重准晶光子晶体最敏感，8 重和 12 重准晶光子晶体的敏感程度差不多，并介于 6 重和 7 重准晶光子晶体之间；对于第三带隙，5 重和 6 重准晶光子晶体不存在该带隙，7 重和 8 重准晶光子晶体的第三带隙比第一带隙和第二带隙更敏感，12 重准晶光子晶体的第三带隙与结构无序的类型有关，其第二带隙比第三带隙对尺寸无序更敏感，第三带隙比第二带隙对位置无序更敏感。

另外，只要填充因子和介质柱的位置保持不变，准晶光子晶体介质柱的形状和结构变形对低阶带隙的位置、宽度和各向同性都没有较大的影响。根据本章的分析结果，较大的位置无序对准晶光子晶体低阶带隙的位置、宽度和各向同性也都没有明显的影响。对比这些结果不难发现，准晶光子晶体的低阶带隙对介质柱位置的有序程度和晶格形状都几乎没有要求，所以，准晶光子晶体低阶带隙的形成的确是特定大小的单个介质柱的结果，而与介质柱的形状和位置无关。因此，准晶光子晶体的低阶带隙大大地降低了对加工精度的要求。

4　周期/准晶光子晶体偏振器件

◆ 4.1　光子晶体偏振片

光子晶体是一种折射率周期性变化的介质结构，它对光子具有类似于电子带隙的光子带隙能带结构，这样的结构对光子具有局域性，即频率处于光子晶体禁带范围内的光不能在光子晶体中传输。如果在光子晶体中引入线缺陷，那么原来处于光子晶体禁带中的光这时可以沿着这个线缺陷传输。利用光子晶体的这种对光的控制能力，可以设计制作各种光学集成器件，如波长选择滤波器、波分复用器和光开关等。

如果在光子晶体中填充功能材料，那么可以得到可调节的带隙结构。由于外部温度、电场或光折射都可以改变功能材料的折射率，因此填充功能材料的光子晶体波导的光学特性可以在这些外部条件控制下加以调节。目前，许多基于这一原理的可控器件都已出现。例如，在 Y 型波导的线缺陷区域填充液晶后，光在不同条件下，会分别沿 Y 型波导的两个支臂传输；在光子晶体波导定向耦合器的耦合区域填充液晶后，通过调节液晶的旋转方向，可以使光沿着不同耦合臂输出；在 Mach-Zehnder 干涉计的两个臂填充液晶后，通过调节液晶的折射率，可以控制光传输的相位，进而可以实现光开关；等等。因此，液晶的可调节性有广泛的应用前景，研究填充液晶的光子晶体禁带结构的可调节性非常必要。2004 年，C.Y.Liu 等人从理论上证实介质柱光子晶体的空隙中填充液晶后，通过对液晶进行调制，可以调节光子晶体禁带结构，进而用于制作场敏偏光片。但是 C.Y.Liu 等人研究的是在介质柱型光子晶体中填充液晶构成的，而实际上，由半导体上三角形分布的空气孔构成的光子晶体在实验上更容易制作，在集成光学上更容易集成，因此，研究空气孔光子晶体禁带结构的可调节性具有实际应用价值，并且对研究可控光子晶体器件具有指导意义。

本节对填充液晶的三角形分布的空气孔型二维光子晶体的禁带结构进行了数值分析，模拟结果表明：在外界电场影响下，液晶的旋转方向会发生改变，从而使空气孔光子晶体的禁带结构也会像填充液晶的柱型光子晶体那样发生改变，因此，也可以像 C.Y.Liu 等人指出的那样，利用禁带结构的改变来制作场敏偏光片。但值得注意的是，本书所讨论的是空气孔光子晶体，这种光子晶体在实验上更容易实现，且更容易进行集成；并且用 phenylacetylene 型液晶代替 5CB 液晶作为填充物质所得到的空气孔光子晶体偏光片得到极大的改进，其可使用的频率范围显著增大。另外，光子晶体禁带结构的改变还会使含线缺陷的光子晶体波导中所传输光的频率范围发生改变，故这种光子晶体波导将来还可能用于制作其他可控光子晶体波导光器件。

4.1.1 数值计算方法

通常用 PWE 法来计算光子晶体的禁带结构，它的基本思想是将电磁场以平面波的形式展开，可以将 Maxwell 方程组化成一个本征方程，求解该方程的本征值，便得到传播的光子的本征频率。在光子晶体中填充液晶后，在其内传输的电磁场就会受到液晶旋转方向的影响，因此，对于填充液晶的二维光子晶体，在其内传输的电磁波满足下面的方程：

$$\nabla \times \left[\frac{1}{\varepsilon(r)} \nabla \times \boldsymbol{H}(r) \right] = \left(\frac{\omega}{c} \right)^2 \boldsymbol{H}(r) \tag{4-1}$$

其中，电介质张量 $\varepsilon(r)=\varepsilon(r+R)$ 是与基本变换所产生的晶格矢量有关的周期性变化的函数，$\nabla \cdot \boldsymbol{H}(r)=0$。

由于液晶具有双折射特性，因此它通常有两种介电系数：一种是正常介电系数 ε^o，另一种是反常介电系数 ε^e。对于空气孔光子晶体，在其内传输的光主要是横电模(TE)，即电场在二维光子晶体 x–z 平面内，故假设液晶的指向矢沿 x–z 平面。当光波的电场方向垂直于液晶的指向矢时，液晶呈现正常折射率；当光波的方向平行于液晶的指向矢时，液晶呈现反常折射率。因此，在二维平面中，相列型液晶的介电张量元可以描述如下：

$$\varepsilon_{xx}(r) = \varepsilon^o(r)\sin^2\phi + \varepsilon^e(r)\cos^2\phi \tag{4-2}$$

$$\varepsilon_{zz}(r) = \varepsilon^o(r)\cos^2\phi + \varepsilon^e(r)\sin^2\phi \tag{4-3}$$

$$\varepsilon_{xz}(r) = \varepsilon_{zx}(r) = \left[\varepsilon^e(r) - \varepsilon^o(r) \right]\cos\phi\sin\phi \tag{4-4}$$

其中，ϕ 是液晶指向矢的旋转角，而 $n=(\cos\phi, \sin\phi)$ 是液晶指向矢，见图 4-1。

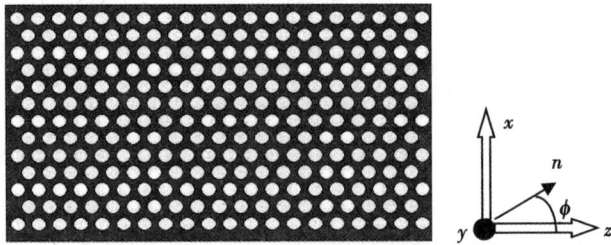

图 4-1　二维三角形分布的空气孔光子晶体，孔中填充液晶

对于 phenylacetylene 型液晶，其正常折射率和反常折射率分别为 $n_{LC}^o =$ 1.590 和 $n_{LC}^e = 2.223$。对于 5CB 型液晶，其正常折射率和反常折射率分别为 $n_{LC}^o = 1.522$ 和 $n_{LC}^e = 1.706$。一般情况下，单液晶物质的中间态温度范围都非常有限。例如，5CB 液晶的温度范围是 24~35.3 ℃，这种液晶的工作范围正好处于室温条件下，故适合作为集成器件的工作物质。本书采用 PWE 法分别对填充 phenylacetylene 型液晶和 5CB 液晶的光子晶体禁带结构进行研究，假设 5CB 液晶的工作温度是室温条件，并忽略吸收损耗。

4.1.2　数值模拟与分析

下面将分别研究填充 5CB 液晶和 phenylacetylene 型液晶的二维三角形分布的空气孔光子晶体的禁带结构。填充液晶前的光子晶体各参数如下：晶格常数为 a，基底的 $\varepsilon = 3.4(Si)$，空气柱半径为 r，且 $r/a = 0.35$。利用 PWE 法，可以得到填充 5CB 液晶的光子晶体的禁带结构，见图 4-2 所示。

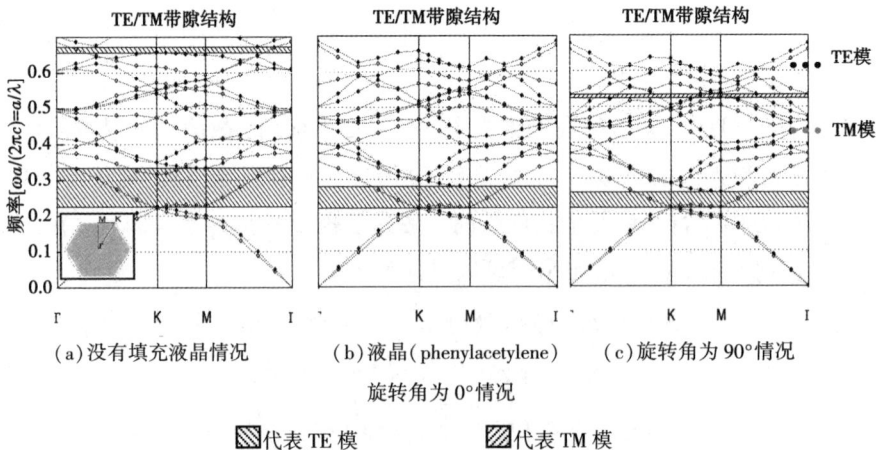

（a）没有填充液晶情况　　　（b）液晶（phenylacetylene）　　　（c）旋转角为 90°情况

旋转角为 0°情况

▨ 代表 TE 模　　　　▨ 代表 TM 模

图 4-2　填充 5CB 液晶的光子晶体禁带结构示意图

由图 4-2 可以看出，当三角形分布的空气孔光子晶体中没有填充液晶时，光子晶体对横电模(TE)的禁带范围比填充液晶后的要大，而且有一大一小两个禁带。其中，较大禁带的归一化频率[$\omega a/(2\pi c)$，其中 ω 是角频率，c 是真空中的光速]范围是 0.224～0.333，较小禁带的归一化频率范围是 0.656～0.672。当光子晶体的空气孔中填充液晶后，禁带频率范围发生改变，当液晶旋转角为 0°时，禁带位于 0.220～0.280；当旋转角为 90°时，禁带位于 0.218～0.262。由此可以看出，三角形分布的空气孔光子晶体填充液晶后，其禁带结构的改变主要表现在以下两个方面：首先，较大禁带的上限随着液晶旋转角的不同发生明显改变，而下限的改变不明显，并且当液晶的旋转角不同时，禁带宽度显著不同。其次，当液晶旋转角为 0°时，较小的禁带消失；而当液晶旋转角为 90°时，又出现对横磁模(TM)起作用的一个小禁带(0.524～0.534)。

填充 5CB 液晶的光子晶体的禁带结构，不仅与液晶的旋转方向有关，而且与 r/a(光子晶体空气孔的半径与晶格常数的比值)有关，见图 4-3 所示。

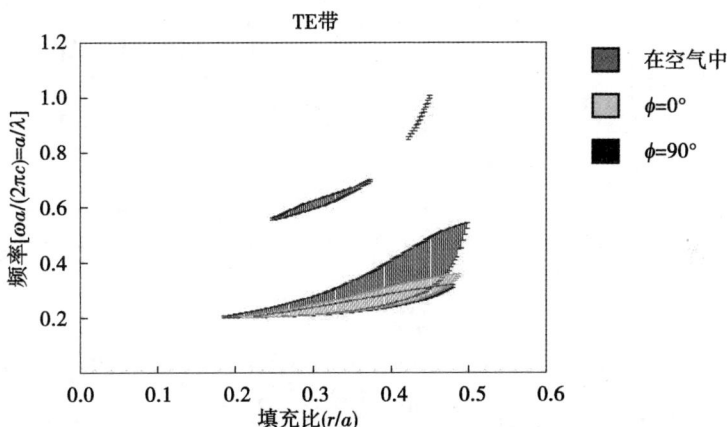

图 4-3 填充 5CB 液晶的空气孔光子晶体的禁带结构随着 r/a 变化图

由图 4-3 可以看出，三角形分布的空气孔光子晶体中填充液晶后，其禁带结构随着 r/a 变化有以下规律：首先，其带隙结构展现出与柱型光子晶体不同的性质，C.Y.Liu 等人讨论的柱型光子晶体的禁带随着半径增加而降低，而本书讨论的空气孔光子晶体的禁带则随着半径增加而升高；其次，图 4-3 不仅给出如何选择 r/a 来确定合适的禁带的频率范围和宽度的指导，而且证明三角形分布的空气孔光子晶体的禁带结构随着液晶旋转角度而发生改变，故可以利用液晶来对光子晶体禁带结构进行调制。

由上面对填充 5CB 液晶的光子晶体禁带结构的分析，我们注意到这种光子晶体的禁带结构的改变不是很大，而在实际应用中，我们期望光子晶体的禁带结构发生较大的变化，以满足实际需要。因此，下面将对填充高双折射率的 phenylacetylene 型液晶的光子晶体的禁带结构进行分析，以期获得较大的禁带结构的改变，其中光子晶体的基本参数同上。

对比图 4-4 和图 4-2 可以看出，当三角形分布的空气孔光子晶体中填充 phenylacetylene 型液晶时，光子晶体禁带的变化幅度比填充 5CB 液晶的变化幅度要大得多。例如，当旋转角为 0°时，禁带范围位于 0.220~0.272；而当旋转角为 90°时，禁带范围位于 0.212~0.222，上限变化约 0.05，远大于填充 5CB 液晶的情况。另外，当液晶旋转角为 0°和 90°时，较小的禁带都不再存在。这种禁带上限变化范围的大小直接影响到下面讨论的偏光片的使用范围。

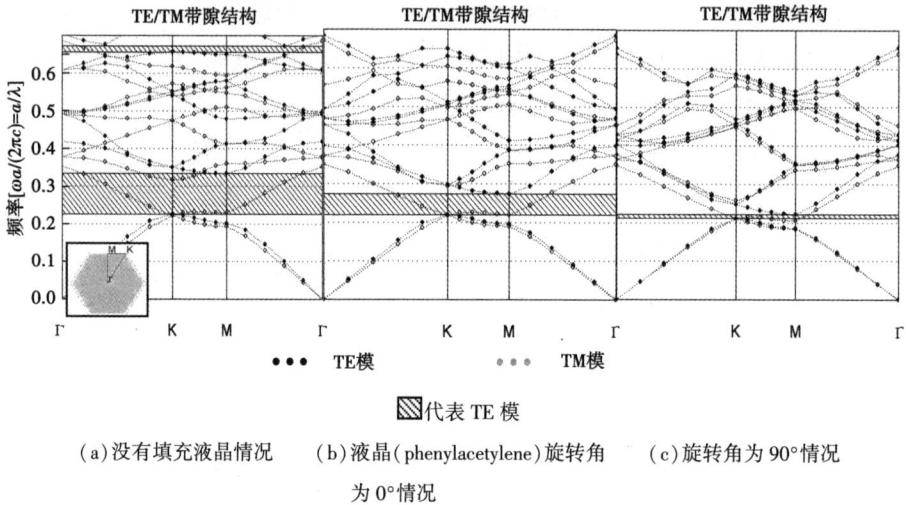

（a）没有填充液晶情况　　（b）液晶（phenylacetylene）旋转角　　（c）旋转角为 90°情况
为 0°情况

图 4-4　填充 phenylacetylene 液晶的光子晶体禁带结构示意图

与填充 5CB 液晶的光子晶体禁带的变化特点类似，填充 phenylacetylene 液晶的光子晶体的禁带结构也与 r/a 有关，见图 4-5 所示。

由图 4-5 可以看出，三角形分布的空气孔光子晶体中填充液晶后，其禁带结构随着 r/a 变化除与填充 5CB 液晶相同的规律外，填充 5CB 液晶和填充 phenylacetylene 型液晶的禁带结构随着液晶旋转角度变化有着较大的差别，主要表现在随着液晶旋转角的改变，填充 phenylacetylene 型液晶的光子晶体的禁带宽度变化得比较大，这也意味着禁带调制范围很宽。

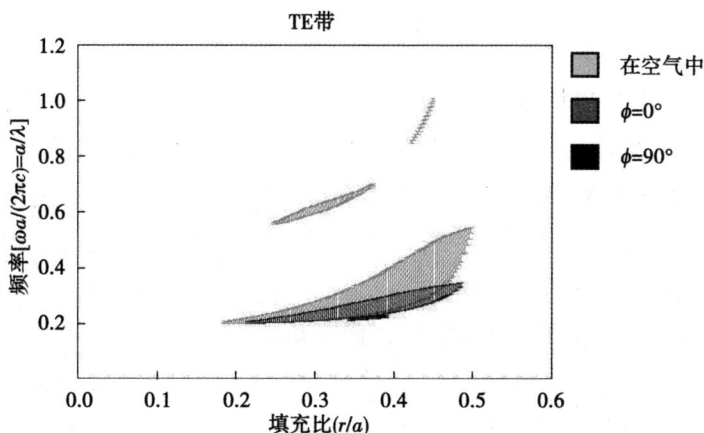

图4-5 填充 phenylacetylene 液晶的空气孔光子晶体的禁带结构随着 r/a 变化图

4.1.3 可调节的场敏偏光片

对于 $r/a=0.35$，填充 5CB 液晶和填充 phenylacetylene 型液晶的光子晶体，由图 4-6 可以更清晰地看出其禁带结构随着液晶旋转角 ϕ 的改变。

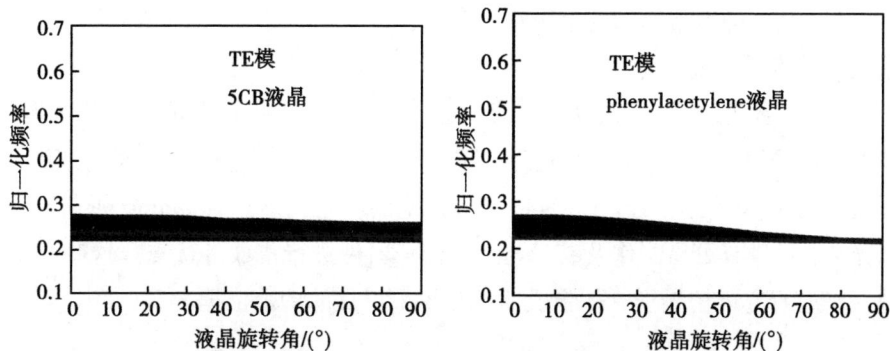

(a)填充 5CB 液晶的光子禁带结构变化图

(b)填充 phenylacetylene 型液晶的
光子禁带结构变化图

图4-6 光子禁带结构与液晶旋转角 ϕ 的关系曲线图(TE 模)

图 4-6 给出了光子禁带结构与液晶旋转角 ϕ 的关系曲线图。由图 4-6 可以清晰地看出，随着液晶旋转角减小，填充液晶的空气孔光子晶体的禁带结构的上限逐渐升高，频率原本处于光子晶体禁带以外通过光子晶体后偏振无关的光，这时进入 TE 模的禁带范围内，光子晶体会禁止处于这个频率范围的 TE 模的光通过，只允许 TM 模的光通过。例如，对于填充 5CB 液晶的光子晶体，当

液晶的旋转角为90°时，频率落在 0.263~0.280 范围内的光通过光子晶体后是偏振无关的，TE 模和 TM 模的光都可通过光子晶体；而当液晶的旋转角为 0°时，频率落在这个范围内的光是偏振相关的，只有 TM 模的光可通过光子晶体，TE 模的光不能通过，即偏光片的使用范围在 0.263~0.280。这种可调节性的变化规律类似于 C.Y.Liu 等人讨论的被液晶包围的柱型光子晶体的情况，故也可以作为场敏偏光片来使用。值得注意的是，填充 5CB 液晶的光子禁带变化的幅度远小于填充 phenylacetylene 型液晶的光子禁带变化的幅度；同时，填充 phenylacetylene 型液晶的光子晶体禁带的变化范围也比 C.Y.Liu 等人讨论的填充 5CB 液晶的变化范围要大得多：C.Y.Liu 等人讨论的三角形分布的光子晶体偏光片的使用范围是 0.3189~0.3488，矩形分布的光子晶体偏光片的使用范围是 0.2819~0.3109，而本书讨论的偏光片的工作范围则是 0.222~0.272，因此，填充 phenylacetylene 型液晶的光子晶体作为场敏偏光片的工作范围得到了极大的改进，其可使用的频率范围显著加大。

本节采用 PWE 法对二维三角形空气孔光子晶体禁带结构进行数值分析，数值模拟结果证实，这种类型的光子晶体与 C.Y.Liu 等人研究的由介质柱周围填充液晶构成的光子晶体的禁带结构的变化规律基本相同：随着液晶旋转角减小，光子晶体的禁带结构的上限逐渐升高，频率原本处于光子晶体禁带以外通过光子晶体后的偏振无关的光，这时进入 TE 模的禁带范围内，光子晶体会禁止 TE 模的光通过，只允许 TM 模的光通过，从而实现可调节的偏光片。但是，本书讨论的填充 phenylacetylene 型液晶的空气孔光子晶体作为场敏偏光片，其可使用的频率范围远大于 C.Y.Liu 等人讨论的填充 5CB 液晶的介质柱光子晶体偏光片，且具有更易制作及易于与其他光子器件进行集成等优点。这些结论为进一步地研究可控光子晶体集成器件提供了可靠的理论依据。

◆◆ 4.2 光子晶体偏振型光开关和可调光衰减器

4.2.1 光子晶体偏振型光开关

光子晶体的一个重要特征是频率落在带隙范围内的光不能在光子晶体中传输。如果在光子晶体中引入线缺陷，那么原来处于对完整光子晶体带隙范围内的光就会沿着这个线缺陷传输，这就形成了光子晶体波导；相反，原来处于光子晶体带隙以外的光通过波导后大部分能量都会被散射和反射掉，到达波导另一端的能量很小。因此，利用光子晶体带隙结构的可调节性来控制某个频率范围的光在能隙以内和以外发生移动，就可以实现光开关。该光开关的结构见图4-7。

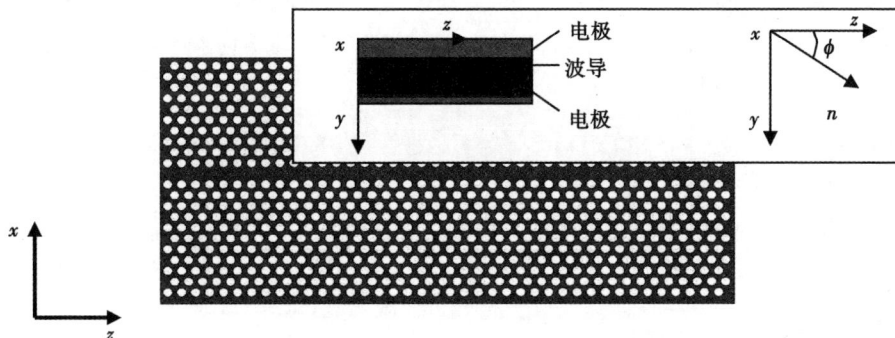

图4-7　二维空气孔光子晶体波导，孔中填充液晶。右上角的插图是电场对液晶控制图

当 $a=0.33906\ \mu m$ 时，宽频脉冲光穿过填充液晶的光子晶体波导后的透射谱线见图4-8。由图4-8可以看出，当液晶的旋转角不同时，波长1.55 μm（归一化频率为0.219）的光的透过率发生了显著变化：当 $\phi=90°$ 时，波长1.55 μm位于方向带隙结构以外，光被大量的散射和反射，因此，穿过波导后的透过率只有0.003；当 $\phi=0°$ 时，波长1.55 μm移动到方向带隙以内，这个波长的光被局限在波导中传输，故穿过该波导后的透过率很高，达到0.885。这说明，利用液晶来调节光子晶体的带隙的确可以控制光穿过光子晶体波导的透过率。因此，图4-7所示结构可以用作光开关。

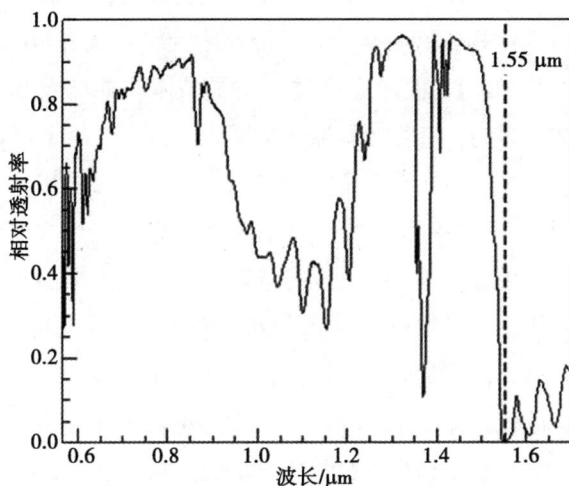

(a) $\phi=90°$

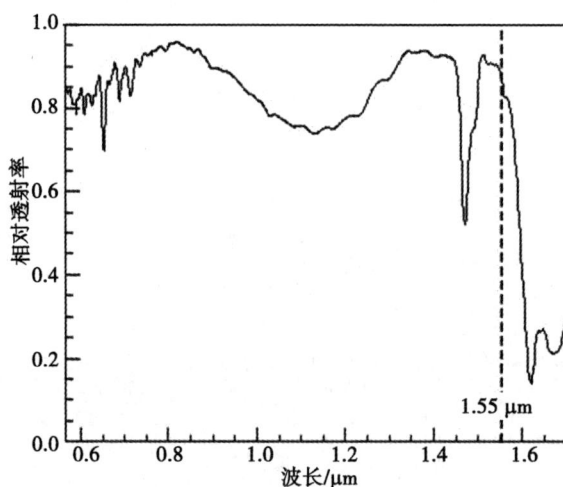

(b)$\phi = 0°$

图 4-8　光子晶体波导的光学透射谱线图

4.2.2　光子晶体偏振型可调光衰减器

　　光子晶体的一个重要特征是频率落在带隙范围内的光不能在光子晶体中传输。如果在光子晶体中引入线缺陷，那么原来处于对完整光子晶体带隙范围内的光会沿着这个线缺陷传输，这就形成了光子晶体波导；相反，原来处于光子晶体带隙以外的光通过波导后大部分能量都会被散射和反射掉，到达波导另一端的能量很小。因此，利用光子晶体带隙结构的可调节性，可以改变光子晶体波导透过率的结构，即作为一个光子晶体可调光衰减器，见图4-7。

　　对于图4-7所示结构，图4-9给出了液晶的旋转角从 $\phi = 0°$ 到 $\phi = 90°$ 连续变化时，1.55 μm 波长的 TE 模的光穿过该光子晶体波导后衰减量与液晶旋转角之间的关系。结果表明，随着液晶旋转角增大，光穿过光子晶体波导后的衰减量逐渐增加，这是因为，随着液晶旋转角增加，方向带隙发生移动，导致波长 1.55 μm（对应归一化频率为 0.219）逐渐从完整光子晶体方向带隙的中央移动到方向带隙以外，见图4-4。对比传统可调光衰减器的衰减曲线可知，这个填充液晶的光子晶体波导可看作由液晶旋转角控制的可调光衰减器，且其衰减范围在 0.5~25.4 dB。该 VOA 不仅适用于 1.55 μm 的波长，选择适当的晶格常数还可用于其他波长；通过控制波导的长度还可对衰减范围进行控制。模拟结果还表明，VOA 插入普通光子晶体波导之间的额外损耗仅为 0.2 dB，该损耗基本可与目前最好的传统 VOA 的性能相比拟。

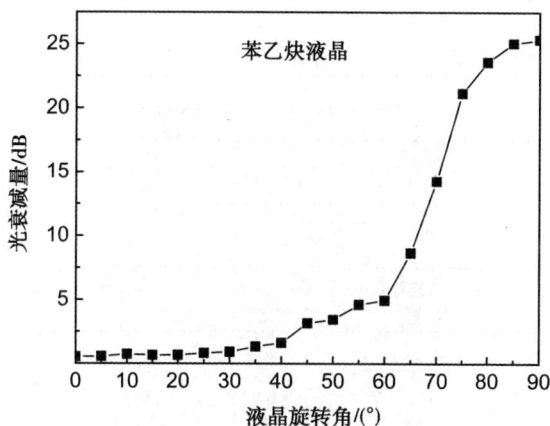

图 4-9　光子晶体波导的光衰减量随着液晶旋转角变化曲线图

对液晶指向矢方向的控制，可以利用向列相液晶的电控双折射（ECB）效应来实现。按照图 4-9 所示曲线，首先把两个 ITO（indium-tin-oxide）层分别加在光子晶体波导的顶部和底部；然后在这两个电极上加载电压，就可以引入电场，进而控制液晶指向矢的方向。可以利用摩擦法获得液晶指向矢的初始取向。

◆◇ 4.3　准晶光子晶体偏振型器件

4.3.1　准晶光子晶体波导传输特性

第 3 章讨论了准晶光子晶体的尺寸误差和位置误差对准晶光子晶体传输特性的影响，如果具体到准晶光子晶体器件，那么这些误差就会影响到器件的性能。本节主要讨论误差对几个简单的准晶光子晶体器件性能的影响。首先来看尺寸误差和位置误差对一个缺失三排介质柱构成的准晶光子晶体波导结构的影响，该波导结构见图 4-10 所示。

图 4-11 给出了无误差的理想情况下，准晶光子晶体波导的传输谱线，其中，介质柱的 $\varepsilon = 5.0$，$r/a = 0.30$，这时，准晶光子晶体 TE 模的光子带隙位于归一化频率（$0.358 \sim 0.434$）$\omega/(2\pi c)$ 之间，见第 3 章。由图 4-11 可以清楚地看出，波导的透射谱线中透过率较高的范围位于归一化频率（$0.360 \sim 0.410$）$\omega/(2\pi c)$ 之间，这表明处于光子带隙范围以内的光能够沿着线缺陷形成的波导传输。仔

细观察还可以发现,透射谱线的分布不是很平滑,透过率也不是很高,这与 J. Romero-Vivas 等人研究结果基本一致。传输谱线的不平滑是由准晶结构的特殊性——波导两侧介质柱不完全对称且排列不均匀引起的。

图 4-10   准晶光子晶体直波导图

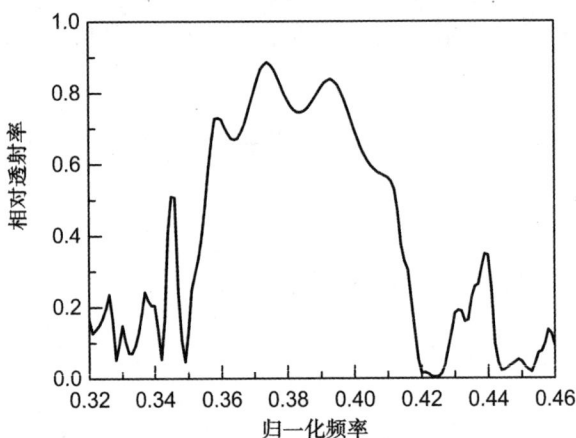

图 4-11   8 重准晶光子晶体直波导的透过率分布曲线图

同样,如果假设晶格常数取 500 nm,目前 500 nm 的加工波长对应的半导体微加工技术的误差为 $(0.01 \sim 0.02)a$。对于加工过程中存在尺寸误差或位置误差的情况,当宽频光从波导左侧入射时,得到波导出口处透射率频率分布曲线,见图 4-12 所示。其中,实线代表无误差的理想情况下的透射频率分布,点线代表介质柱的尺寸误差为 $0.02a$ 时的透射频率分布,虚线代表位置误差为 $0.02a$ 时的透射频率分布。

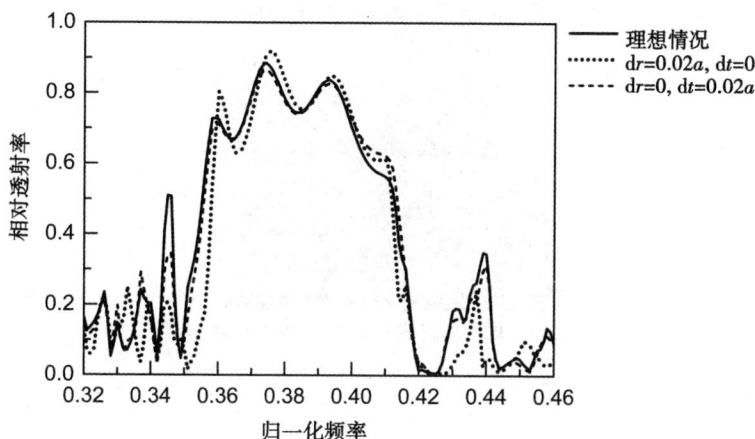

图 4-12　尺寸误差和位置误差分别为 0.02a 时，8 重准晶光子晶体波导的透过率谱线图

图 4-12 表明，0.02a 的位置误差对准晶光子晶体波导的传输影响不大，基本可以忽略，这是因为，准晶光子晶体波导结构本身就不平滑，误差也只是增加了这种不平滑性，对禁带影响不大。但是，0.02a 的尺寸误差对准晶光子晶体波导的传输谱线有比较明显的影响——透过谱线的宽度明显变窄。以上结果与前面的讨论一致，即尺寸误差比位置误差对光子带隙的影响要大，进而对基于带隙效应的波导传输的影响也要大一些。进一步的研究结果表明，虽然较小的尺寸误差的存在对透过谱线边缘附近的光传输有较为明显的破坏，但是对透过谱线中心附近的光传输几乎没有影响。因此，如果利用透过谱线中心附近的频率进行波导传输，那么可以有效地降低对结构误差的要求。

4.3.2　准晶光子晶体信导下载滤波器性能

图 4-13 给出了一个 J.Romero-Vivas 等人设计的信道下载滤波器结构，中心是缺失两圈介质柱构成的微腔，上下两侧各是一个缺失三列介质柱形成的波导。当宽频光从下面的波导入射时，其中与微腔共振频率相同的光被从波导中捕获，然后通过上面的波导把能量输出。

当介质柱的 $n = 2.24$，$r/a = 0.24$ 时，该信道下载滤波器对 TE 模的下载频率为 $0.4252\omega/(2\pi c)$，见图 4-14（a）。图 4-14（b）是 $(0.420 \sim 0.430)\omega/(2\pi c)$ 之间的放大图。其中，实线是出口 B 的透射谱线，虚线是出口 C 的透射谱线。当介质柱的尺寸误差为 0.02a 时，该信道下载滤波器的传输谱线见图 4-15（a）所示，其下载频率在 $0.424\omega/(2\pi c)$ 附近，偏离了理想情况的下载频率；当介质

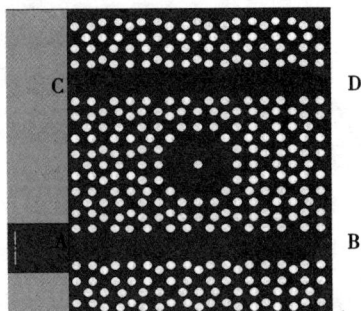

图 4-13　8 重准晶光子晶体信道下载滤波器

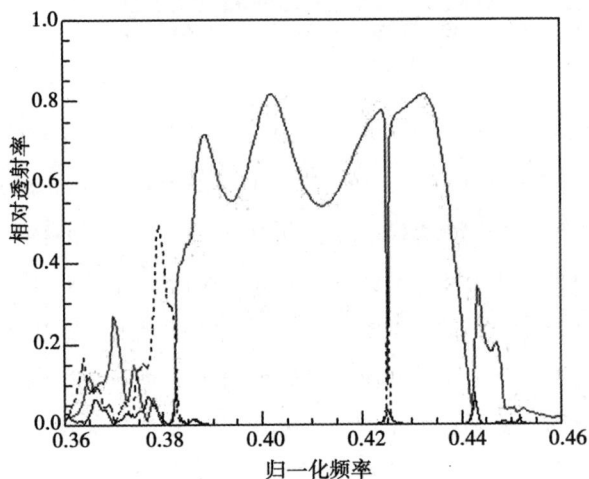

（a）归一化频率为 0.360~0.406

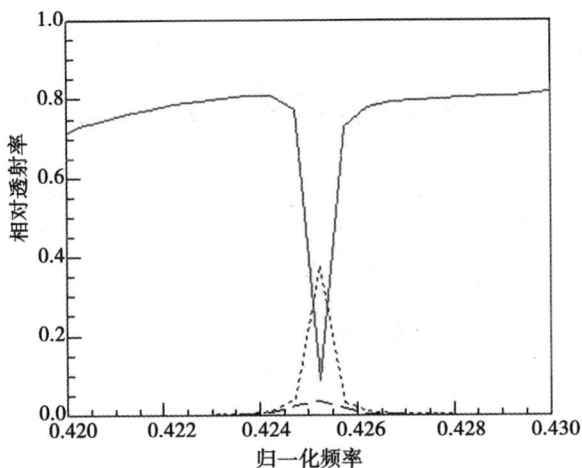

（b）归一化频率为 0.420~0.430

图 4-14　理想情况下，信道下载滤波器的透射率分布曲线图

（ n=2.24, r/a=0.24 ）

柱的位置误差为 0.02a 时，该信道下载滤波器的传输谱线见图 4-15(b) 所示，其下载频率基本上仍保持在 $0.425\omega/(2\pi c)$ 附近，但下载功率远远下降。这些结果说明，尺寸误差和位置误差的存在大大影响了信道下载滤波器的性能，因此，在制作过程中，要尽量减少误差。

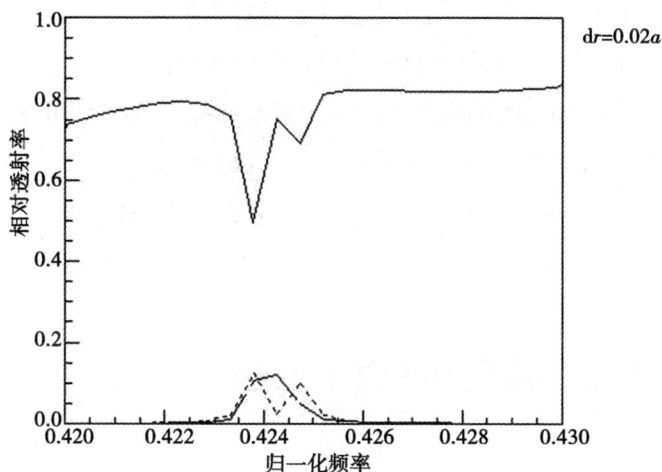

(a) 尺寸误差

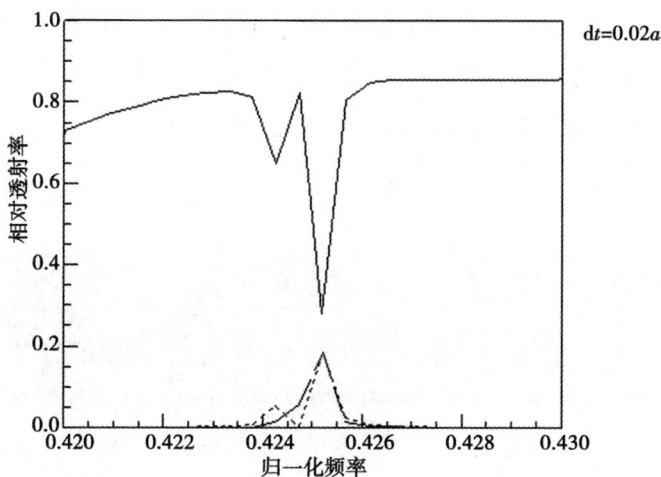

(b) 位置误差

图 4-15　尺寸误差和位置误差分别为 0.02a 时，信道下载滤波器透过率分布曲线图

由此可见，虽然尺寸误差和位置误差对光子带隙的影响不大，但是，对准晶光子晶体器件的性能有较大的影响。对于信道下载器件，加工误差不仅可能使微腔共振频率发生偏移，从而影响下载频率的选择，而且会影响下载能量的大小。对于波导，尺寸误差的存在对透过谱线边缘附近的光传输有较为明显的破坏，而对透过谱线中心附近的光传输几乎没有影响，因此，利用透过谱线中心附近的频率进行波导传输，可以有效地降低对结构误差的要求。另外，由于不同尺寸的介质柱对应着不同的 Mie 共振频率，因此，随着尺寸无序增大，新产生的许多不同尺寸的介质柱会激发许多 Mie 共振频率，并且因为新产生的介质柱尺寸相邻，所以激发的带隙也会随着尺寸无序增大逐渐连在一起，这样，随着尺寸无序增大，会在透射谱线上产生新的带隙。

◆◇ 4.4　偏振型准晶光子晶体四通道分束器

虽然已有大量的关于能量分束器的报道，但是多为基于周期结构的分束器，而且多数研究均需改变介质柱的大小来控制光的传输。刘薇等人基于 Sunflower 型 QPC 结构，设计 A 型[图 4-16(b)]和 C 型[图 4-16(c)]两种偏振型多通道能量分束器，进而通过改变中心的谐振腔，对分束器进行结构优化。研究结果表明，A 型分束器和 C 型分束器的传输效率有很大的差别，C 型分束器能够更均匀地分束。

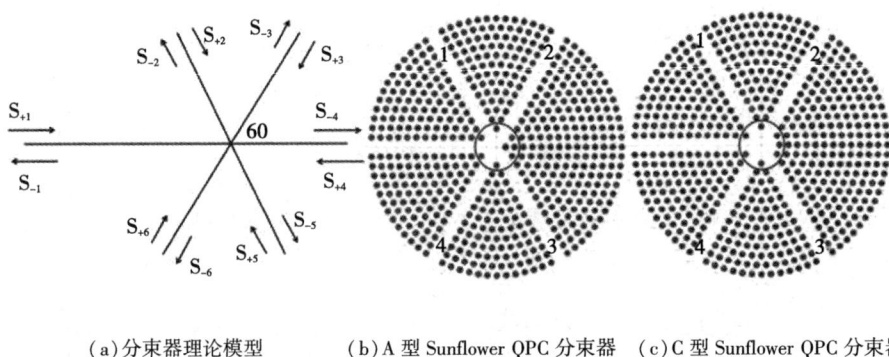

　(a)分束器理论模型　　(b)A 型 Sunflower QPC 分束器　(c)C 型 Sunflower QPC 分束器

图 4-16　多通道分束器示意图

对于 A 型分束器，各通道的传输效率与波长和占空比有关。例如，当波长为 0.85 μm、占空比为 0.3 时，通道 2 和 3 的传输效率(42%)远大于通道 1 和 4 的传输效率(4%)，见图 4-17(a)和图 4-18(a)。

对于 C 型分束器，四个通道的传输效率和光强分布均匀，即在波长范围 0.80~1.01 μm，各通道透射率均高于 23%，见图 4-17(b)和图 4-18(b)。

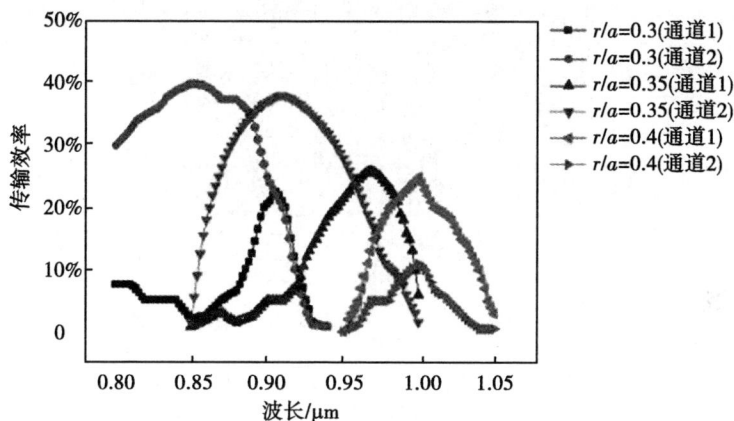

(a) A 型

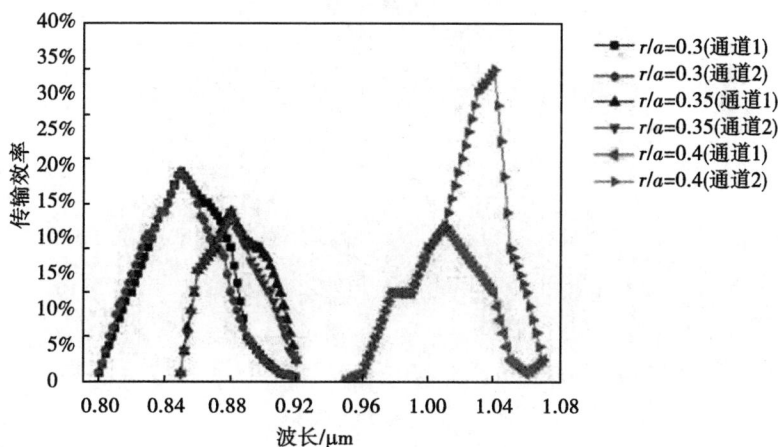

(b) C 型

图 4-17　不同填充比光子晶体波导的透射谱

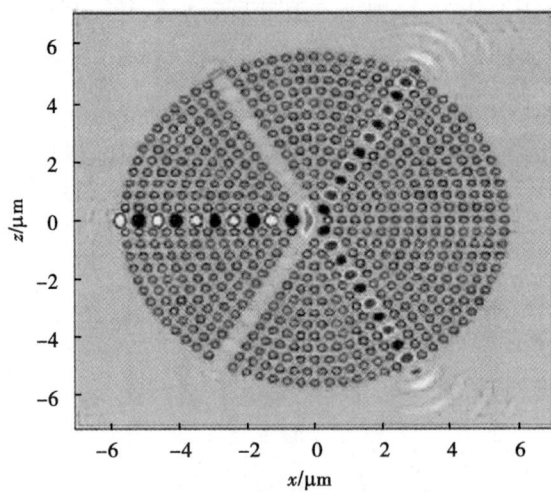

(a)A 型

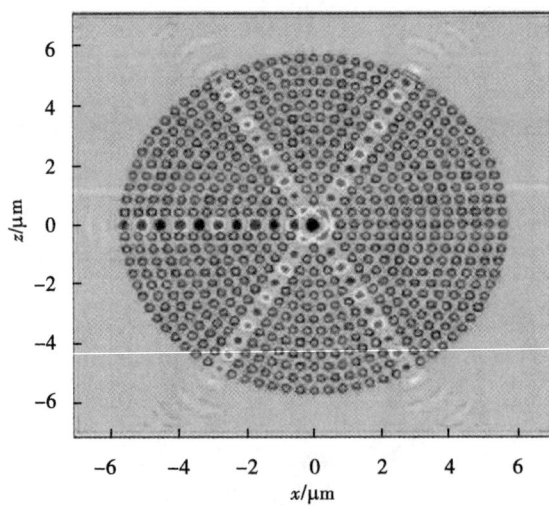

(b)C 型

图 4-18　波长 0.85 μm 的电场分布图

◆◇ 4.5　偏振型缺陷准晶光子晶体大弯曲波导

　　刘薇等人基于 Sunflower 型 QPC 结构，设计了三种不同弯曲角度的偏振型大弯曲波导结构，并分析了弯曲波导的传输特性：光线可沿着这些大弯曲波导传输，并且透射效率随着弯曲程度增加而降低，但是并不明显，从而证明 Sunflower 大弯曲波导可以弯曲任意程度。较之以往报道的放大弯曲段，使几何轴与光场重合于在转角处放置一个 90° 的开腔而实现大弯曲波导，Sunflower 结构简单，不仅可以降低设计的复杂度，而且可以降低制作工艺的复杂度。例如，对于中心角度分别为 90°，180°，270° 的弯曲波导，波长 0.85 μm 的透射效率分别为 92%，90%，83%。波长在 0.83~0.89 μm，透射效率高于 80%，见图 4-19 至图 4-21。

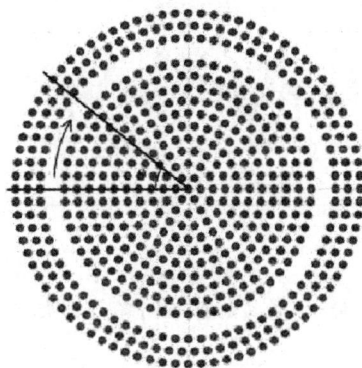

图 4-19　Sunflower 型光子晶体大弯曲波导结构示意图

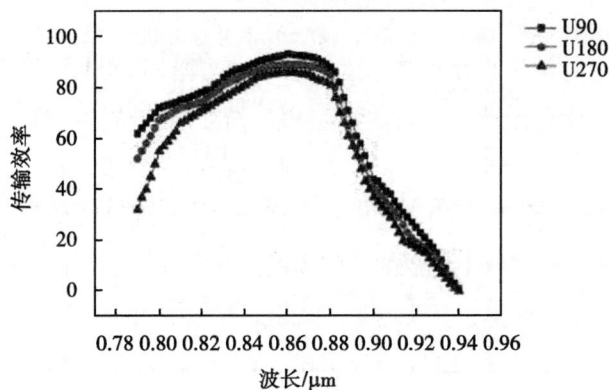

（a）占空比为 0.30

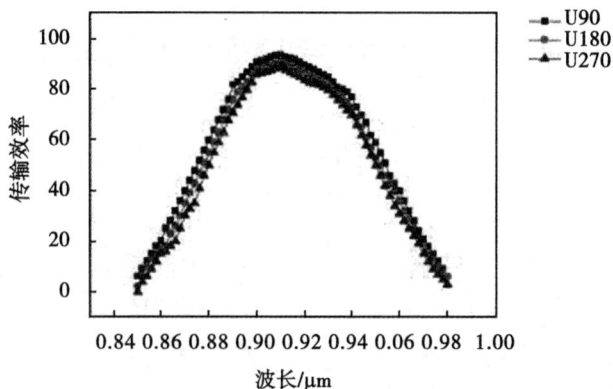

(b) 占空比为 0.35

图 4-20　不同弯曲程度波导的透射效率图

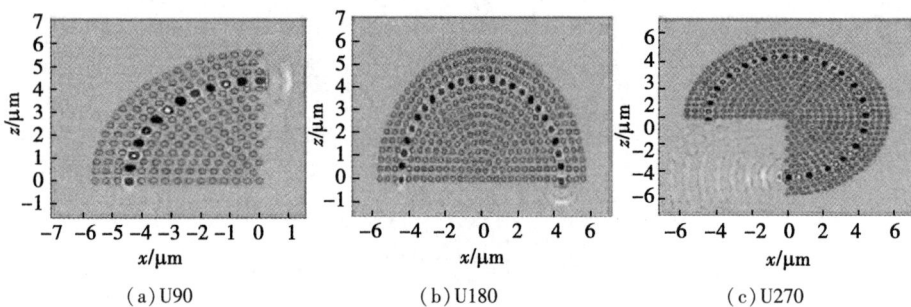

(a) U90　　　　　(b) U180　　　　　(c) U270

图 4-21　占空比为 0.30，波长为 0.85 μm，在不同类型波导中的电场分布图

◆◇ 4.6　偏振型渐变光子晶体大弯曲波导

Sunflower 结构由于高度圆对称性，使其在制作任意弯曲波导方面有很大的优势。刘薇等人优化设计了 Sunflower 型扇形渐变波导结构(见图 4-22)，并发现对于 0.85，1.31，1.55 μm 三个通信波长，有不同的最佳渐变波导结构，见表 4-1 和图 4-23。将扇形结构扩展至 U 型结构，发现光波依然沿着波导结构低损耗传输，相较于文献中报道的基于周期性光子晶体设计的渐变弯曲波导结构，该结构不仅设计简单，而且光波在该渐变波导结构中走势更均匀，见图 4-24。由于直接针对红外波段的 0.85，1.31，1.55 μm 三通信波长设计了相对应的最佳渐变波导结构，因此该结构作为光通信器件的利用价值更明确。

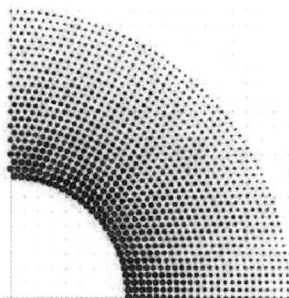

图 4-22 Sunflower 型渐变波导结构模型图

表 4-1 不同通信波长对应的合适结构分布参数

λ/μm	n	ρ/μm
0.85	2.38~1.67	2.1~3.0
1.31	2.50~1.79	2.0~2.8
1.55	2.63~1.79	1.9~2.8

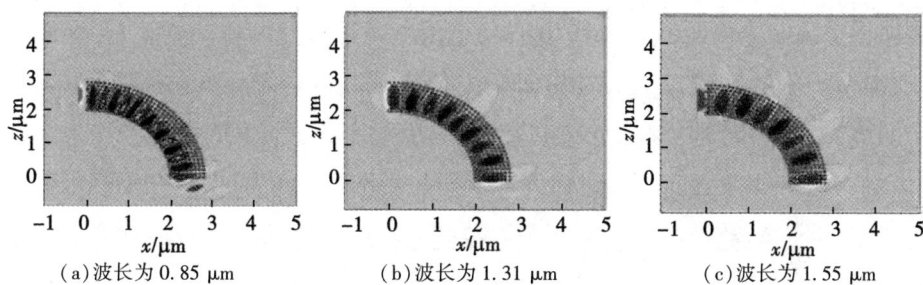

(a)波长为 0.85 μm   (b)波长为 1.31 μm   (c)波长为 1.55 μm

图 4-23 折射率为 2.50~1.79 时波导的光场分布图

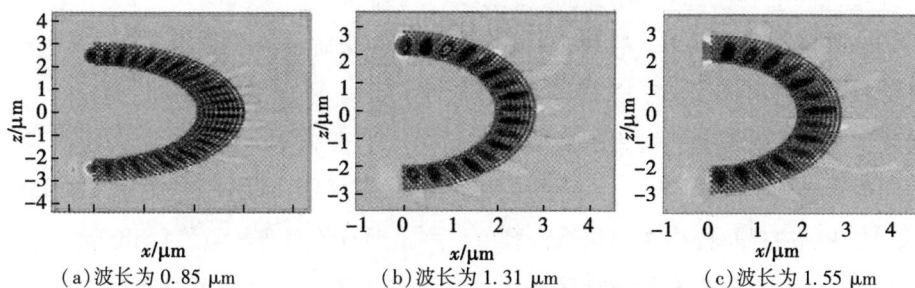

(a)波长为 0.85 μm   (b)波长为 1.31 μm   (c)波长为 1.55 μm

图 4-24 在三通信波长下，U 型渐变波导的光场分布图

5 准晶光子晶体平板成像特性

◆◇ 5.1 负折射准晶光子晶体平板成像

5.1.1 光子晶体负折射现象

负折射现象是当光波从一种材料入射到另一种材料的界面时，光波的折射与常规折射相反，入射波和折射波处于界面法线方向同一侧。一般认为，产生负折射现象的主要原因是其材料折射率为负(介电常数和磁导率都为负值)。折射率为负的材料称为负折射率材料、左手材料或双负材料。

由于自然界不存在介电常数和磁导率都为负的材料，因此，负折射的概念虽然在1968年就被提出，但一直没有得到重视。直到Pendry教授从理论上提出一种LC回路结构(该结构可以同时得到负的介电常数和负的磁导率)，并且Smith等人进一步地在实验上证明了该结构存在负折射之后，关于负折射和左手材料的研究才迅速成为研究的热点。

早期制备的左手介质都是基于导体的，这些介质在高频波段，特别是光波段会有很大的损耗。由于许多关于负折射的应用都要求损耗很少或没有损耗，因此这些介质对于光波段附近的频率不适用。光子晶体可以完全由介质构成，在理论上达到无损耗，因此，光子晶体是光波段实现负折射的良好选择。2000年，M.Notomi最早提出在砷化镓背景中呈三角形点阵分布的空气孔和在空气背景中呈三角形点阵分布的砷化镓介质柱这两种光子晶体结构可以实现负折射。他通过求解与能带相应的等频率曲线来分析光的传播特性：由于群速度(也就是能流的方向)等于频率对波矢的导数 $V_g = \nabla_k w(k)$，而相速度是波矢的方向，因此，在一定的频率范围，如果频率的增长指向等频率凸面的内部，那么频率增长方向与波矢反向，这时，群速度和相速度方向相反，光在光子晶体中的传输具有左手行为，即负折射，见图5-1。如果在某些产生负折射的频率范围内，等频率曲线近似为圆形，那么该光子晶体在这些频率处可以看作一种有效的各向同性的左手物质。M.Notomi 的这种负折射行为是反向波效应的结果，但实际上，即使没有反向波效应，也可以实现负折射。2002 年，C.Luo 等人提出，方形点阵光子晶体中虽然在第一布里渊区的所有地方群速度和相速度方向都相同，但是，由于某些区域的等频率面发生扭曲，该光子晶体也表现出负折射行为（见图5-2），可以实现点光源成像，但是，点光源成像的位置不随点光源的位置发生改变，仅表现出近场行为。C.Luo 等人的这个结果曾引发对光子晶体聚焦机制的讨论，一些研究人员认为，C.Luo 等人用光子晶体实现的聚焦是自准直效应的结果，而不是负折射。但随后，X.Zhang 等人和 X.Hu 等人通过分析证实，这种近场行为也是负折射结果。实际上，无论是 M.Notomi 的负折射方式，还是 C.Luo 等人的负折射方式，都源于光在周期性介质中传输的色散特性，它们具有相同的物理机制：在某一个局域范围内，相对波矢与群速度方向相反。

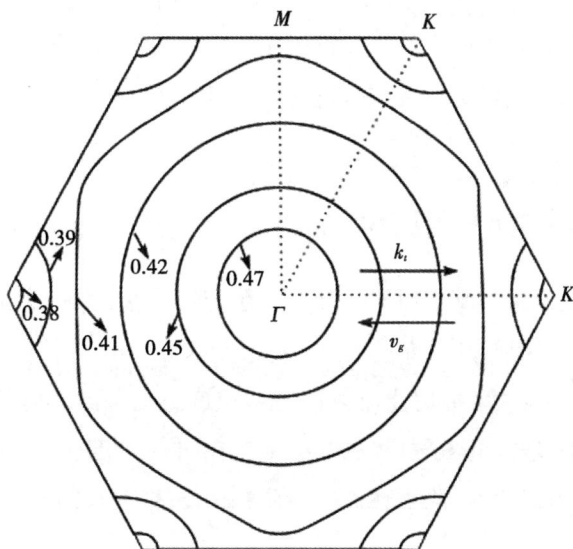

图 5-1　Notomi 用三角形点阵构成的光子晶体实现负折射的等频率分布图

实际上，光子晶体并不能称为左手介质，这是因为，虽然有些光子晶体表现出负折射行为，但它们并不呈现出左手行为——电场、磁场和波矢满足左手定则或者说能流方向（群速度方向）与波矢方向相反。例如，C. Luo 等人提出的

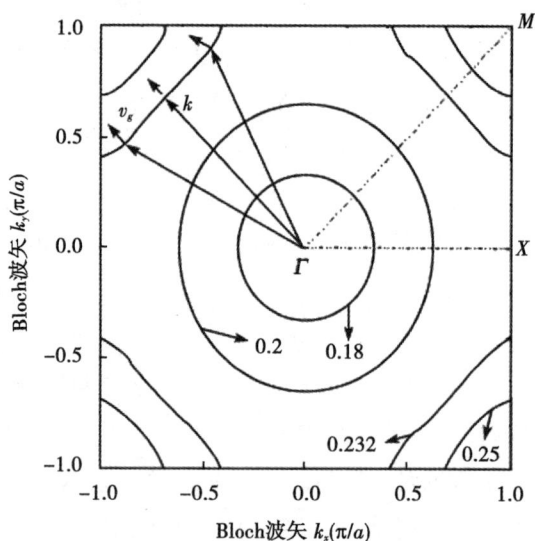

图 5-2　Luo 等人用方形点阵构成的光子晶体实现负折射的等频率分布图

光子晶体负折射就属于这种情况。并且左手介质有一个确定的等效负折射率，而光子晶体的等效负折射率仅表征折射光束的透射方向，不是一个实际存在的物理量。无论光子晶体是否有左手行为，它们确实表现出负折射行为，而且光子晶体负折射现象已经在实验上得到了证实。

5.1.2　光子晶体负折射原理

　　光子晶体负折射的基本原理是利用其在带隙边缘的特殊色散关系制造出负群折射率，在负群折射率频率范围内，波矢 k 的方向由一个推广了的斯涅尔定律（Snell's law）决定，而平均能流方向与群速度方向一致。此种介质的工作频率对应的入射波波长与光子晶体的晶格常数在同一个尺度。数值模拟结果证明了光子晶体中的负折射。除了普通电介质光子晶体，金属光子晶体也可以实现负折射。

5.1.2.1　布拉格散射机制

　　对于布拉格散射机制而言，通过选取合适的光子晶体结构及光子能带设计，可以得到所需的负折射频段。但布拉格机制要求周期结构的晶格常数与能隙的电磁波波长相比拟，对于太赫兹波段，若要产生负折射，则光子晶体的周期晶格常数在纳米尺寸，对工艺要求很高。另外，由于布拉格机制的非局域性，它对周期性结构的不完整性(如存在结构缺陷)较为敏感。

5.1.2.2 局域共振机制

与布拉格机制相反,局域共振机制不要求周期结构的晶格常数与能隙的电磁波波长相比拟,而且对结构缺陷不敏感。但目前人们对利用局域共振机制设计负折射率材料的一些关键问题了解不够,如如何增大负折射通带带宽、减小损耗等。

光子晶体等效负折射效应是依靠布拉格多重散射,造成群速度和波矢速度的不同,是目前科学界对光子晶体负折射的一种解释。但也存在一些疑点,只要入射光的波长不落在长波极限的范围(第一个能带,低频区),通常,由于在光子晶体中,波矢与群速度的方向本来就是不同的,那么仅依靠群速度与波矢方向的不同,并不足以产生负折射。负折射的关键在于光子具有负等效质量,这样,群速度方向才能指向等频面的内部而不是外部。

5.1.3 负折射光子晶体平板成像

负折射材料在隐身技术、超分辨率探测和雷达通信器件等方面均有广阔的应用前景。

负折射率介质材料的一个重要特性就是可以放大倏逝波,用一个平板就可以得到提高成像分辨率的超透镜。用负折射材料制成的超透镜具有以下优点:首先,因为没有光轴,所以成像过程不需要严格的准直;其次,因为不需要曲面结构,只用平板结构就可以实现聚焦,所以制作非常容易;再次,对于给定的波长和结构,超透镜的分辨率仅受到表面波长 a_s 和光束波长 λ 的限制,a_s/λ 越小,成像的分辨率越高,因此,选择适当的表面波长就很容易突破衍射极限,实现亚波长成像,即具有超透镜效应。相关物理机制研究结果表明,负折射率材料之所以具有超透镜效应,是因为表面态的共振耦合能够放大倏逝波成分,见图 5-3 所示。

目前,关于光子晶体负折射的研究也从二维纯介质光子晶体推广到二维金属光子晶体和三维光子晶体,还提出了一些关于负折射光子晶体的应用,如利用光子晶体可以实现亚波长平板成像、负折射光子晶体聚焦透镜、负折射光子晶体开放腔和光子晶体偏振分束器等。其中,光子晶体亚波长的平板成像,也就是超透镜是光子晶体负折射的一项重要应用。因为表面波长 a_s 和光子晶体

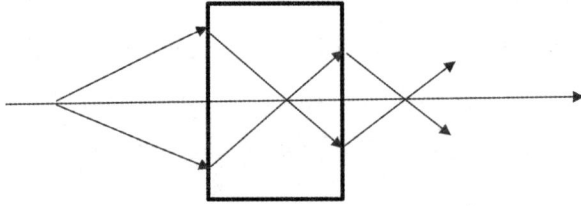

图 5-3　负折射率材料透镜成像图

平行于表面的周期约为同一个量级,所以分辨率 $a_s/\lambda \approx a/\lambda$,而且光子晶体的晶格周期 a 与光波长在同一个量级,因此,用光子晶体实现超透镜可以大大提高成像的分辨率。

5.1.4　负折射准晶光子晶体平板成像

实际上,负折射和平板成像并不是周期性光子晶体的专利。2005 年,Z. Feng 等人提出,利用 12 重准晶光子晶体也可以实现负折射和亚波长成像,而且准晶光子晶体在远场成像方面比周期性光子晶体更有优势,这是因为如果利用光子晶体实现远场成像需要引入金属芯,而准晶光子晶体只需采用纯介质即可。2006 年,X.Zhang 等人进一步地研究了高对称准晶光子晶体中的聚焦行为后指出,具有高对称性的准晶光子晶体平板在对两种偏振光远场聚焦方面有一种普遍特性——在 8 重、10 重和另一种 12 重准晶光子晶体平板结构中,无需引入修正就可以对非偏振光实现绝对负折射和聚焦,而且这三种结构实现平板成像的结构和参数几乎相同。准晶光子晶体的这种优越特性源于准晶光子晶体中比周期性光子晶体更高的对称性和负折射。虽然 Z.Feng 等人和 X.Zhang 等人都指出准晶光子晶体在负折射和平板远场成像方面比光子晶体更具优势,但是,目前关于准晶光子晶体负折射的研究还非常少,其深层物理机制和具体物理特性都还没有得到详细的研究。另外,负折射准晶光子晶体平板成像与偏振模式密切相关,并不对称。见图 5-4。

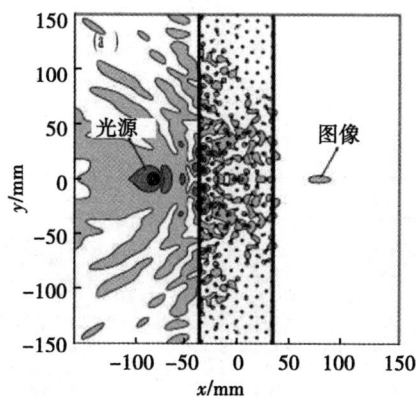

(a) 70 nm

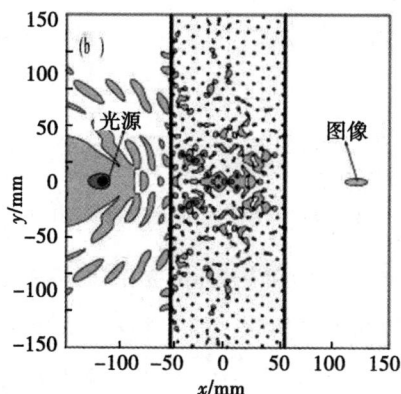

(b) 110 nm

图5-4　不同厚度12重准晶光子晶体平板成像图

◆◇ 5.2　准晶光子晶体平板成像机理

　　自从负折射概念被提出以来,左手材料及二维周期光子晶体的聚焦与成像得到了广泛研究。然而,二维准周期光子晶体(二维光子准晶)的聚焦与成像研究则相对薄弱。近年来的理论与实验研究结果证明,二维光子准晶的聚焦与成像,比左手材料及二维周期光子晶体均更具优势。但是,有关二维光子准晶平板透镜的聚焦与成像机理,并未给出合理的解释。

　　刘建军等人通过引入环形光子流主通道概念,并建立二维光子准晶平板透镜聚焦模型(见图5-5),给出了二维光子准晶平板透镜聚焦成像的根本原因:二维光子准晶结构的高度旋转对称性及点光源关于透镜中心轴的对称性。物理机制在于双光子流光束干涉聚焦。

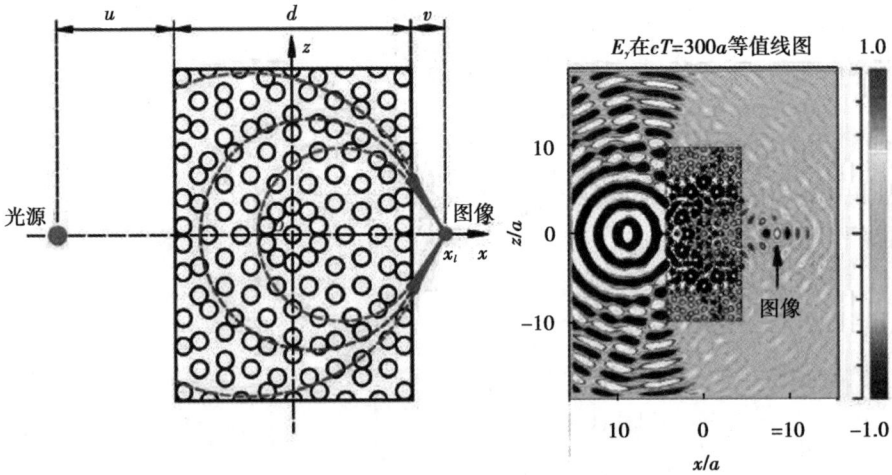

(a)二维光子准晶平板透镜的聚焦分析模型　　　(b)平板透镜对点光源的等高线图

图5-5　二维光子准晶平板透镜

　　根据刘建军等人的聚焦分析模型,环形光子流主通道中流动的光子数只是占入射到透镜中总光子数的主体部分,即从透镜右侧流出且有助于成像的光子主要通过该通道(由上、下半主通道组成)流出。其他有助于成像的光子流动于其他散射子间的间隙,这些间隙统称为次通道(由上、下半次通道组成)。换句话说,次通道也是由大量的其他散射子间隙构成的。上(下)半主通道与上(下)半次通道构成上(下)半通道。在上半通道和下半通道中,分别流动且在透镜右侧流出的光子,可形成两束光子流光束。二维光子准晶旋转对称性的结构特征,以及点光源关于透镜在二维平面沿中心轴向(即 x 轴)完全对称放置(在此称之为二维平面轴对称放置),使得上半通道与下半通道流出光子流犹如两束相干光,且二者的相位差恒为 $\varphi=0°$,即在透镜右侧发生干涉加强,从而发生聚焦现象。

　　根据图5-5,若把点光源沿着平行于透镜表面的方向(即 z 轴的正方向或负方向)逐步移动,则将迅速改变两通道中的光子数量(影响两光束的强度)及光子散射方向(影响两光束的相位差),从上、下半通道出射的两光子流光束的相干性质(稳定的相位差条件)将迅速改变，其聚焦现象将迅速消失。另外，若点光源移至另一个可使点光源呈轴向对称的旋转对称中心，也必将出现聚焦现象。因此，二维光子准晶平板透镜对点光源能够发生聚焦与成像，其根本原因在于二维光子准晶结构的高度旋转对称性及点光源关于透镜中心轴的对称性。物理机制在于双光子流形成的出射光束发生干涉加强，即双光子流光束干涉聚焦。简言之，旋转对称与轴对称的结合导致聚焦与成像的发生。

◆◇ 5.3 不同偏振模式下准晶光子晶体平板特性

5.3.1 成像特性与波长的关系

对于 10 重光子准晶平板透镜，其成像特性与波长存在以下关系：① 仅在靠近第二个带隙且处于高频侧(从带隙边界处至第一个光强峰值)的通带波段(或频段)，平板透镜可对点光源产生聚焦现象，见图 5-6；② 物距、像距及透镜厚度满足 $u+v=\sigma d(\sigma<1)$ 关系，见图 5-7；③ 在聚焦波长范围内，若增大波长(或减小频率 f)，则像强减小，像质增强，像距增大，等效折射率增大，见图 5-7；④ TE 模式下聚焦像质优于 TM 模式下聚焦像质，见图 5-8。

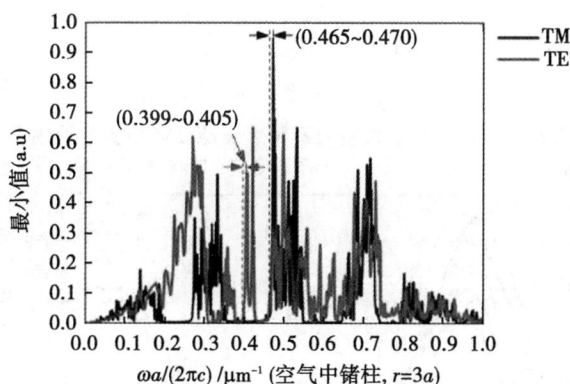

图 5-6 二维光子准晶平板透镜的光子能带结构图

（a）轴面

（b）像面

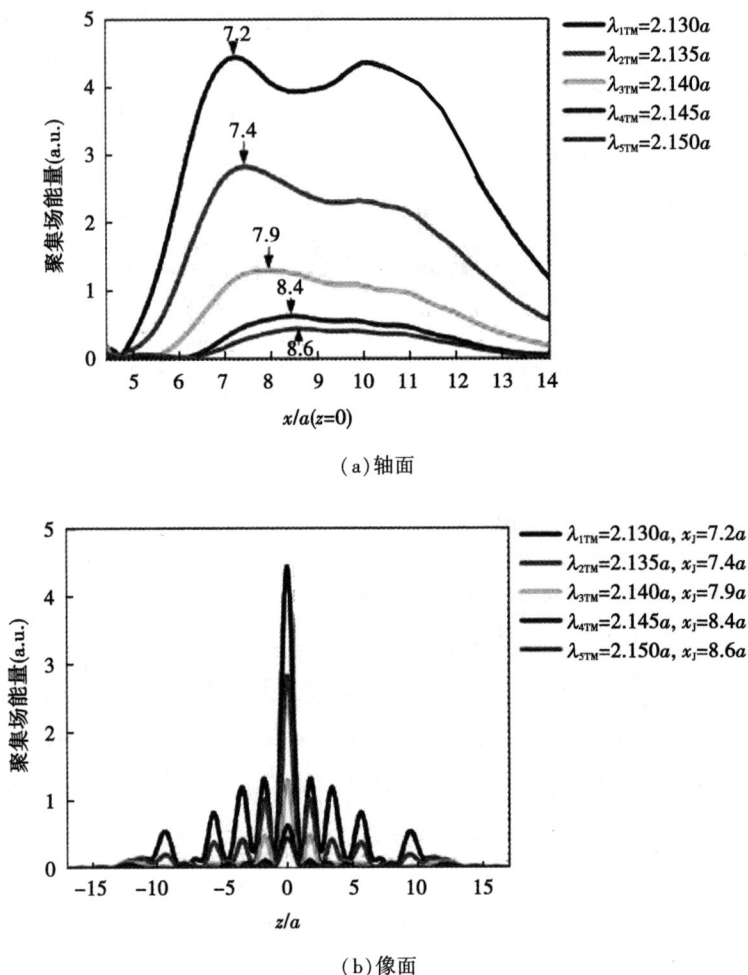

图 5-7　二维光子准晶平板透镜对不同点光源 TM 模式的聚集及成像图

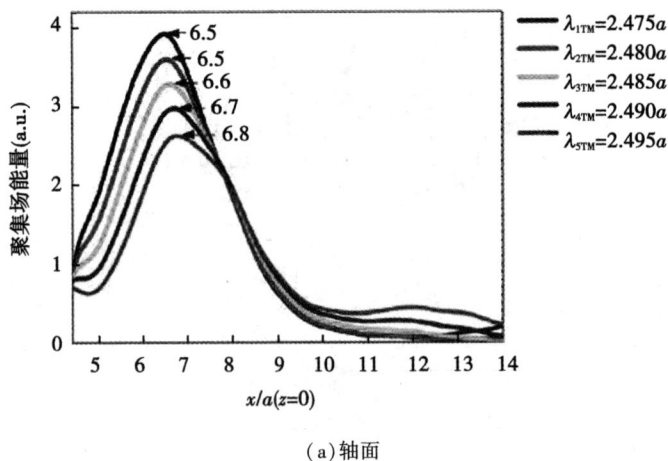

（a）轴面

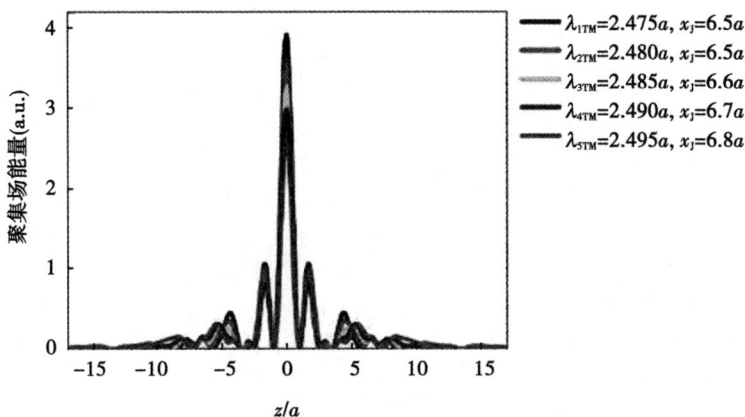

（b）像面

图 5-8　二维光子准晶平板透镜对不同点光源 TE 模式的聚集及成像图

5.3.2　成像特性与物距的关系

对于锗柱基 10 重光子准晶平板透镜（厚度 d），成像特性与物距的关系为：① 当像强达峰值时，物距并不等于透镜厚度之半，见图 5-9；② 对于任意物距，透镜对 TE 模点光源的成像质量优于对 TM 模点光源的成像质量，见图 5-9；③ 随着物距增大，像强先增大后减小，见图 5-9；④ 在适当的物距下，二维光子准晶平板透镜可使点光源成像的像质远优于二维周期光子晶体平板透镜成像的像质，见图 5-10；⑤ 物距变化在 $(-2.0 \sim 2.5)a$ 范围内，平板透镜对两种波长点光源均可实现完美且可实际应用的实像，见图 5-10 和图 5-11。

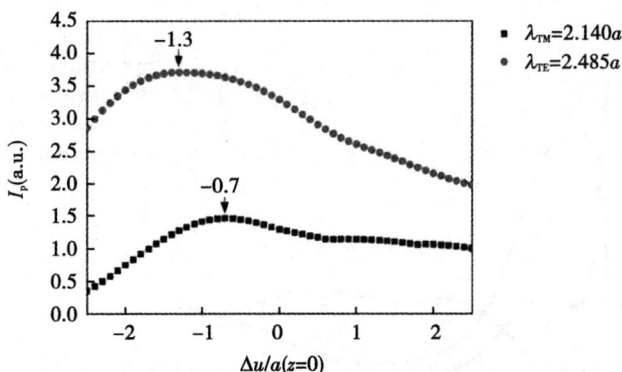

图 5-9　像强 I_{p} 与物距 Δu 增量关系图

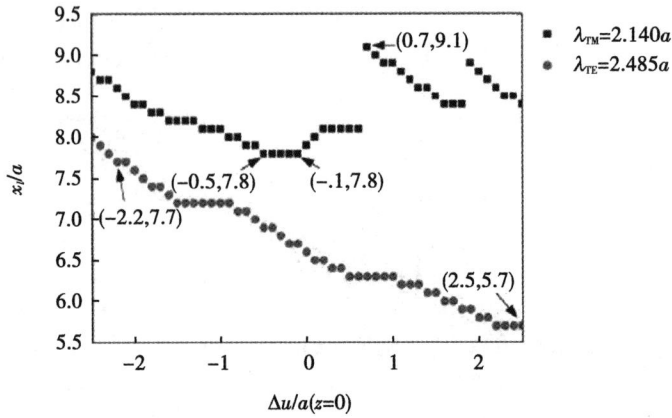

（a）相位置

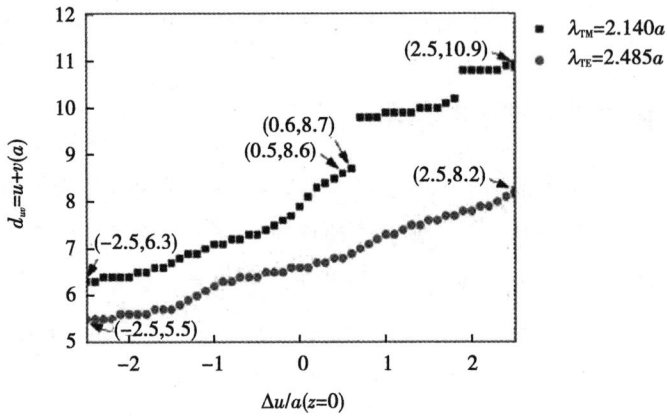

（b）物距与相距之和

图5-10　二维光子准晶平板透镜对点光源在不同物距增量下的聚焦及成像图

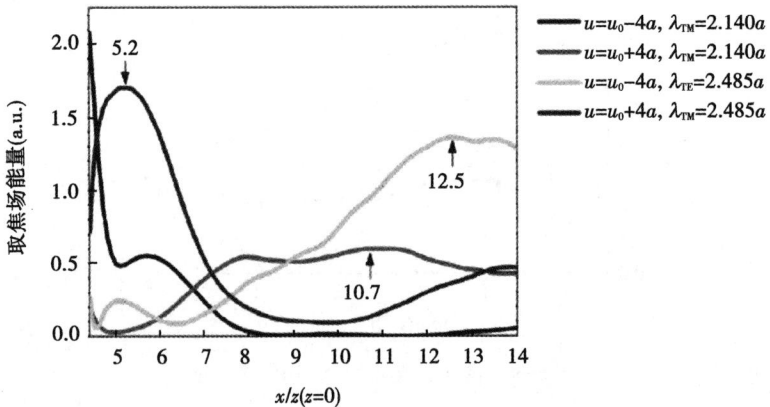

（a）轴面

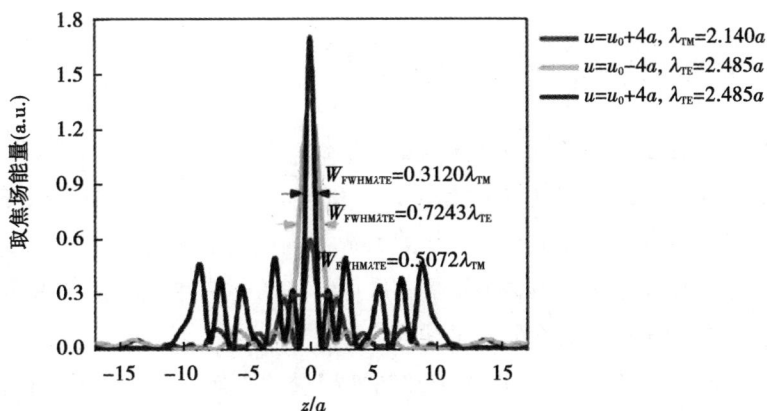

（b）像面

图 5-11 二维光子准晶平板透镜对点光源在物距 $\Delta u = \pm 4a$ 时的聚焦及成像图

刘薇等人以 Sunflower 光子晶体（图 5-12）平板透镜为例，通过改变点光源与透镜的距离（即改变物距），研究物距大小与聚焦及成像特性的关系，并得出结论：当物距 $u \approx d/2$ 时，成像效果是最佳的，见图 5-13 所示。

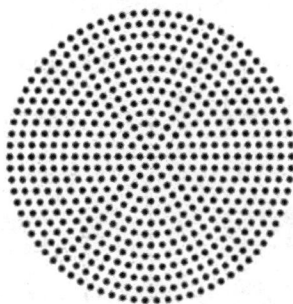

图 5-12 Sunflower 透镜模型

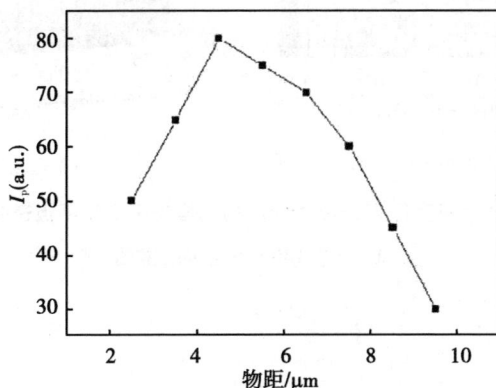

图 5-13 物距对成像强度影响图

5.3.3 成像特性与散射子半径的关系

对于二维光子准晶平板透镜在散射子半径大小变化方面的研究甚少，以往的研究大多集中在单一散射子半径(如 $r=0.30a$, $0.35a$)时的聚焦成像特性，并未反映其与散射子尺寸的关系。虽然 Ren 等人研究了介质柱型 8 重光子准晶散射子的半径无序度对平板透镜聚焦及成像特性的影响，但并未给出如聚焦及成像特性与散射子尺寸关系的定量结论。

刘建军等人以锗柱基 10 重光子准晶平板透镜为例，在确定平板透镜外形尺寸及物距的情况下，研究了平板透镜在不同散射子半径下分别对两特定波长及偏振模式的聚焦及成像特性，结果表明，二维光子准晶平板透镜在不同散射子半径范围内对不同波长点光源及偏振模式在透镜后方对称轴上可成完美像，且不同波长及偏振模式存在不同的散射子半径阈值，完美成像特性随着散射子半径的变化各异(见图 5-14 和图 5-15)，并发现了平板透镜在某散射子半径范围且透镜后方对称轴上可产生双聚焦效应(见图 5-16)。

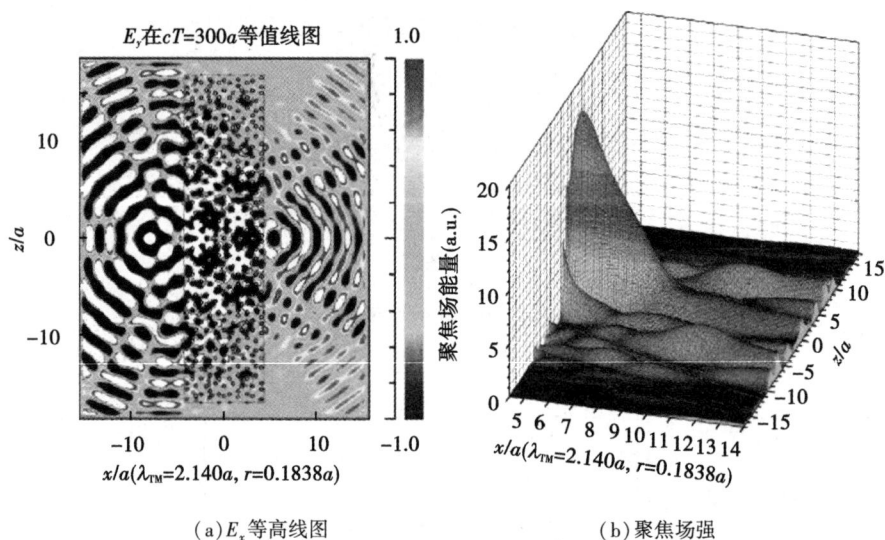

(a) E_x 等高线图　　　　　　　(b) 聚焦场强

图 5-14　散射子直径为 $r=0.1838a$ 的二维光子准晶平板透镜对点光源 $\lambda_{TM}=2.140a$ 的完美成像图

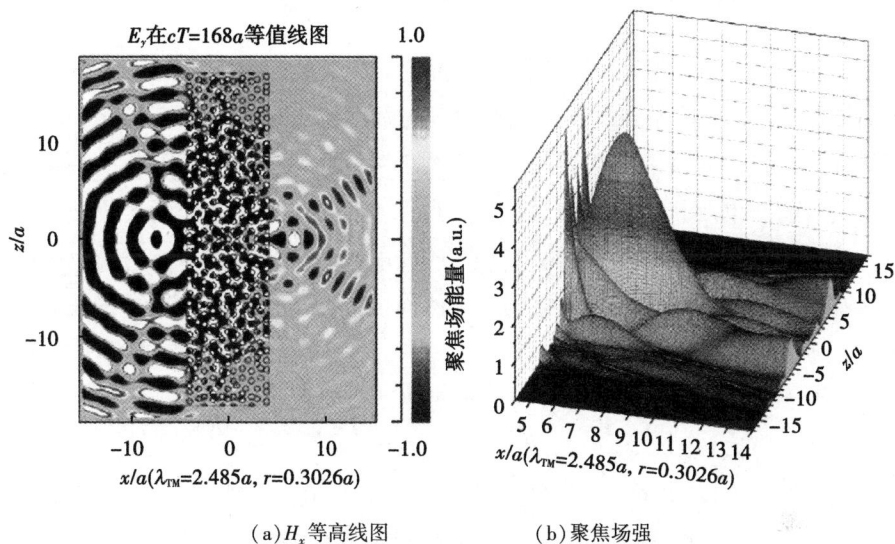

(a) H_x 等高线图　　　(b) 聚焦场强

图 5-15　散射子直径为 $r=0.3026a$ 的二维光子准晶平板透镜对点光源

$\lambda_{\text{TE}}=2.485a$ 的完美成像图

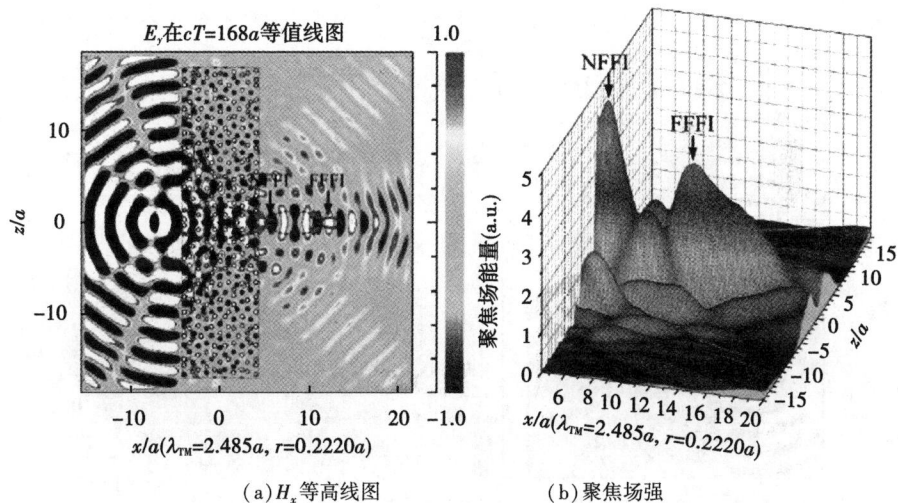

(a) H_x 等高线图　　　(b) 聚焦场强

图 5-16　散射子直径为 $r=0.2220a$ 的二维光子准晶平板透镜对点光源

$\lambda_{\text{TE}}=2.485a$ 的完美成像图

5.3.4 成像特性与基质折射率的关系

基质相对介电常数(r)是光子准晶的基本参数之一，它决定了光子准晶的物理特性，如光子能带结构及带隙特性。与基质相对介电常数密切相关的基质折射率也是光子准晶平板透镜的基本参数之一，也必将影响光子准晶平板透镜聚焦效应的产生及其特性的变化，毕竟光子能带结构影响透镜的聚焦波长。二维光子准晶存在使之产生完全带隙的基质介电常数阈值，其平板透镜也应存在使之产生聚焦效应的基质折射率阈值。然而，对于介质柱型二维光子准晶平板透镜，以往的研究均集中在单一基质材料下的聚焦特性，并未反映聚焦特性与基质折射率的关系。同时，寻找更低折射率基质材料也是二维光子准晶聚焦特性研究的重要课题。

刘建军等人以 10 重光子准晶平板透镜为例，在确定物距及散射子半径的情况下，研究了平板透镜在不同基质折射率下分别对两特定波长及偏振模式的聚焦特性，得到了特定波长及偏振模式下的基质折射率阈值，并发现了二维光子准晶平板透镜的分光双聚焦效应(见图 5-17)及环形光子局域现象(见图 5-18)。

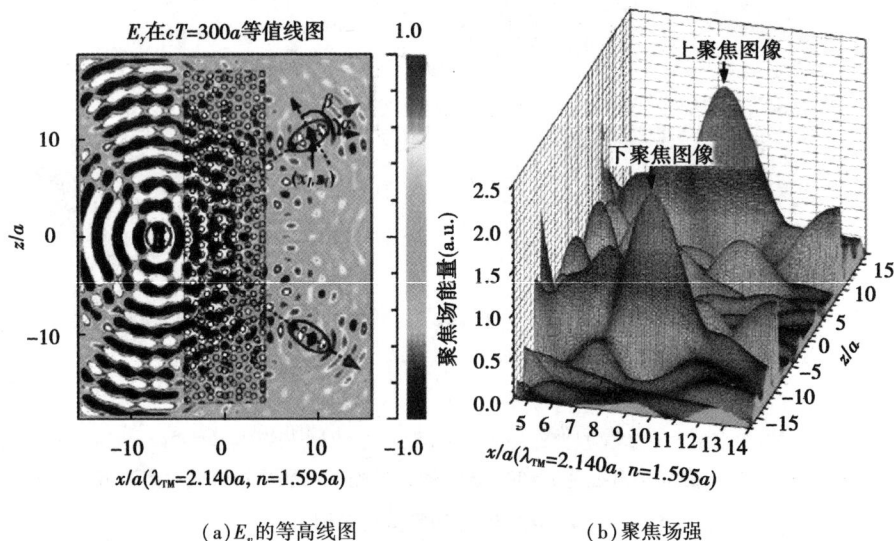

(a) E_v 的等高线图   (b) 聚焦场强

图 5-17 基质折射率为 $n=1.595$ 的二维光子准晶平板透镜对点光源 $\lambda_{TM}=2.140a$ 的分光双聚焦

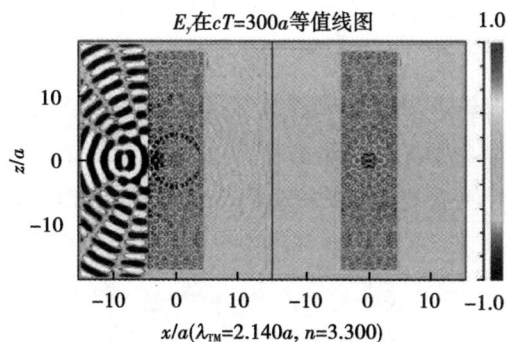

（a）点光源置于透镜外 （b）点光源置于透镜中

图5-18 基质折射率为 $n = 3.300$ 的二维光子准晶平板透镜对点光源
$\lambda_{TM} = 2.140a$ 的环形光子局域

5.3.5 成像特性与基质折射率和占空比的关系

与周期光子晶体相比，Sunflower 型 QPC 的介质柱（或空气孔）的排列虽然不具有平移对称性，但是具有旋转对称性。介质柱（或空气孔）的占空比将影响有效相对介电常数，进而影响 Sunflower 型 QPC 的物理特性，比如光子能带结构及光子带隙特性，而光子能带结构又影响光子准晶的聚焦特性。因此，研究不同占空比下 Sunflower 光子晶体的聚焦成像特性具有重要的意义。但是，以往的研究方式多是固定单一的折射率去研究占空比对成像特性的影响，或是固定占空比去研究折射率对成像特性的影响。然而，占空比的不同将影响有效相对介电常数，进而影响聚焦特性，因此，有必要将占空比和折射率放在一起研究，进而提升研究的覆盖率。

刘薇等人研究了不同占空比条件下，像点相对强度与波长和折射率的关系。研究结果表明，由于 Sunflower 结构具有较好的圆对称性，使其超透镜能够很好地聚焦成像，并且在低折射率材质中也能有负折射现象，在以往的对周期性或准周期性光子晶体超透镜的研究中，材料多选用高介电常数材料，而 Sunflower 在低介电常数材料中也有很好的超透镜效应，这具有很大的优势。而在不同的占空比条件下，对应于不同折射率的特定波长大都存在有效成像点。

（1）当占空比为 0.30 时，折射率为 1.6，1.8，2.0 在波长 1.4~2.6 μm 范围分别有三个有效成像点，其中折射率为 1.6 和 2.0 的成像点相强度值均在 40 以上。但是，当折射率为 1.8、波长为 1.8 μm 时，有最优的成像点，像强的相对值为 64。折射率为 2.2，计算出一个有效值；折射率为 2.4，无有效值；折射率为 2.6，有两组有效值，见图 5-19(a)。

(2)当占空比为 0.35 时，折射率为 2.0，2.4，2.6 在波长 1.4~2.6 μm 范围分别有三个有效成像点，其中折射率为 2.0 的成像点相对强度值均在 40 以上。但是，当折射率为 2.6、波长为 2.6 μm 时，有最佳的成像点，像强的相对值为 56。折射率为 1.6 和 1.8，计算出一个有效值；折射率为 2.2，有两组有效值，见图 5-19(b)。

(3)当占空比为 0.40 时，折射率为 1.6，1.8，2，2.2 在波长 1.4~2.6 μm 范围分别有三个有效成像点，其中折射率为 1.6 和 2.2 的成像点相对强度值均在 40 以上。当折射率为 1.6、波长为 1.8 μm 时，有最佳的成像点，像强的相对值为 72。折射率为 2.4，计算出一个有效值；折射率为 2.6，有两组有效值，见图 5-19(c)。

(4)当占空比为 0.45 时，折射率为 1.6，2.2，2.6 在波长 1.6~2.8 μm 范围分别有三个有效成像点，折射率为 1.8，2.0，2.4 在波长 1.6~2.8 μm 范围分别有两个有效成像点。其中，当折射率为 2.4 μm、波长 2.4 时，像强的相对值为 72。当折射率为 2.6、波长为 2.6 μm 时，像强的相对值为 68；当折射率为 2.6、波长为 2.7 μm 时，像强的相对值为 80，见图 5-19(d)。

图 5-20 为不同占空比中有较好成像参数的透镜的光场分布图。

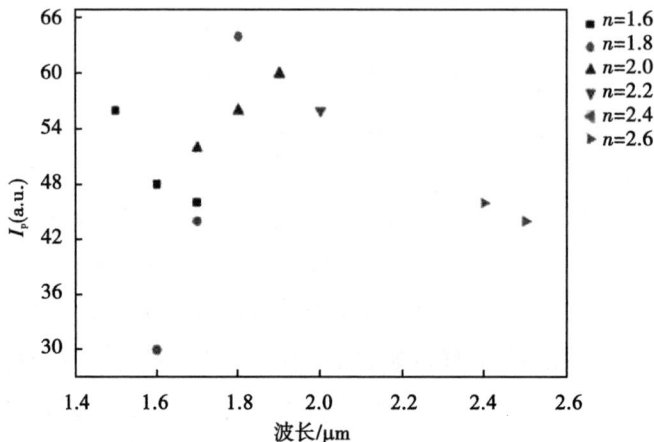

(a)占空比为 0.30

（b）占空比为 0.35

（c）占空比为 0.40

（d）占空比为 0.45

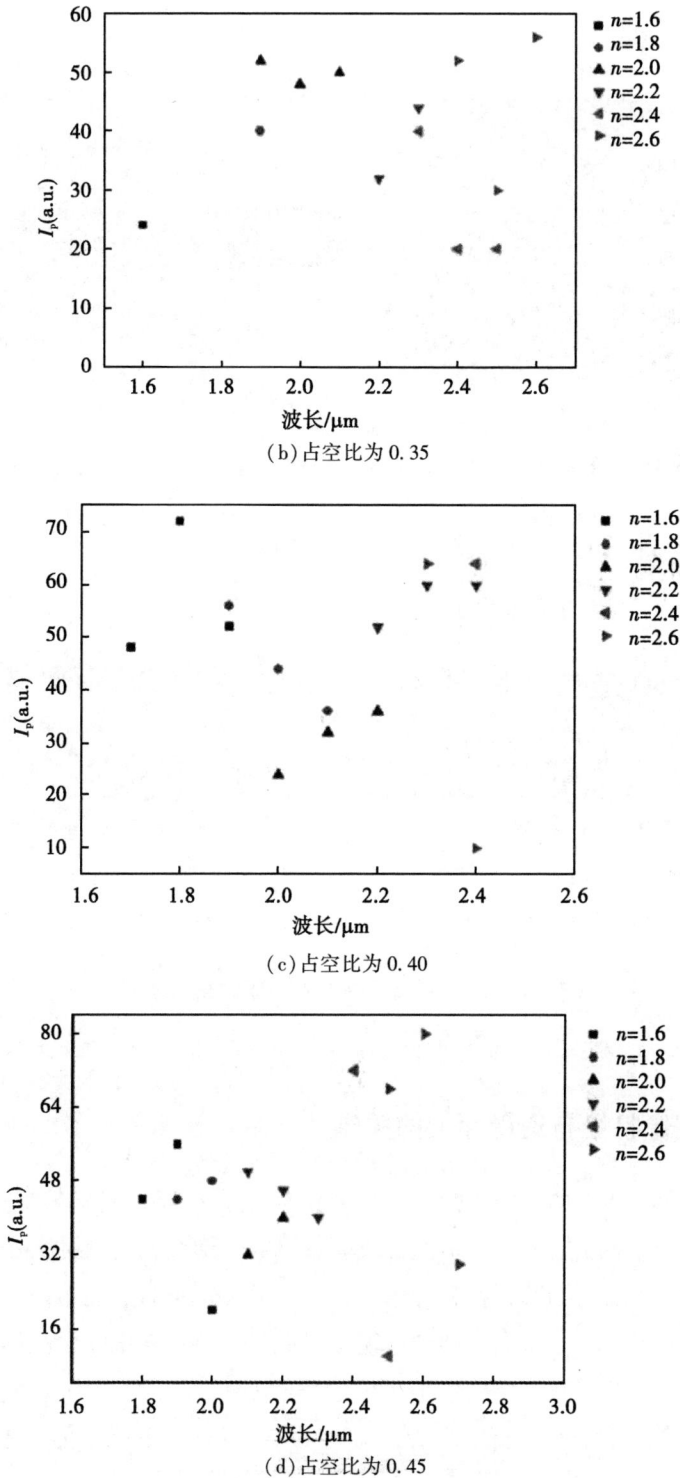

图 5-19　有效成像点的相对强度数据图

等值线图 E_y

（a）占空比为0.30，折射率为1.8，波长为1.8 μm

（b）占空比为0.35，折射率为2.6，波长为2.6 μm

（c）占空比为0.40，折射率为2.2，波长为2.5 μm

（d）占空比为0.45，折射率为2.6，波长为2.5 μm

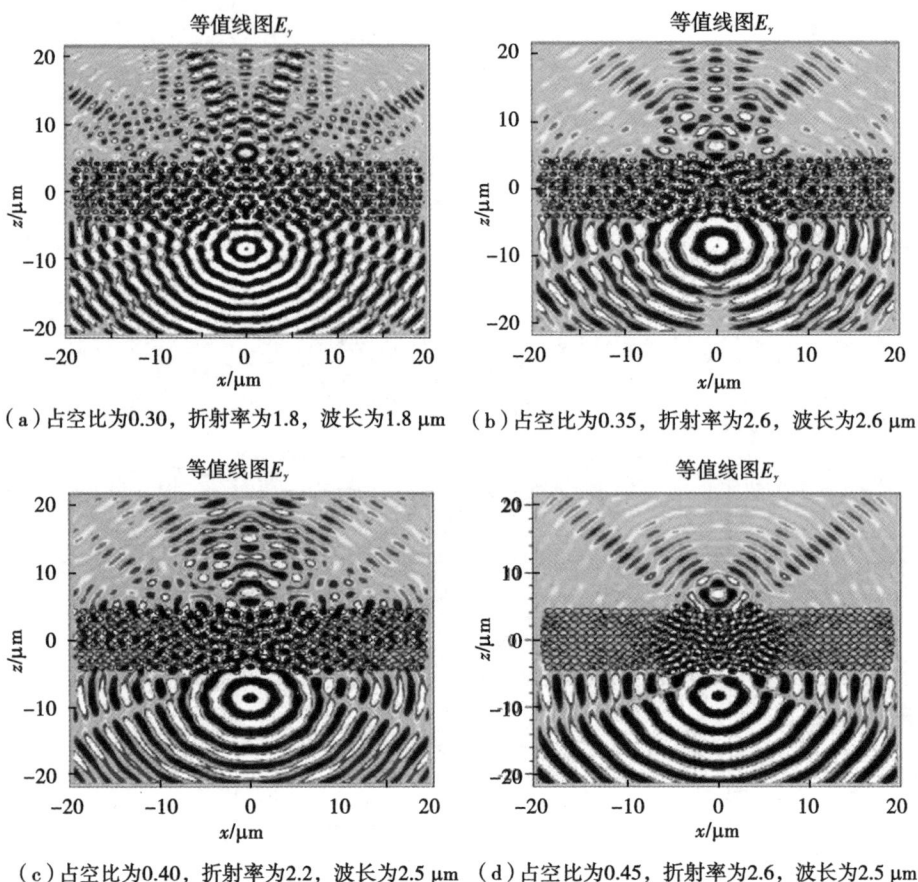

图 5-20　在不同条件下 8 层超透镜的光场分布图

5.3.6　成像特性与透镜厚度的关系

众所周知，传统的光学透镜有凹凸之分及薄厚之别，即其形状与厚度影响其功能及性能。因此，科研人员通常改变透镜的外形结构与尺寸大小以满足其具体的应用。然而，因其存在各种像差且大尺寸的局限性，而不便于用作集成光学中重要的成像光学元件，即微透镜。研究者发现，二维光子晶体平板透镜可以突破衍射极限，且经结构修正，可达完美成像，似乎可成为微透镜的首选。不过，研究者又通过实验及理论研究发现：用二维光子准晶做的平板透镜，不需结构修正即可实现远场亚波长成像及非偏振光非近场聚焦。而且，当点光源处在适当的物距时，其成像质量远优于二维光子晶体平板透镜。因此，在集成光学中，二维光子准晶平板透镜必将成为研究的热点。对于二维光子准晶平板透镜，虽然已有研究涉及透镜厚度方面，但仅给出了极少量的定性结果，并未给出二维光子准晶平板透镜聚焦成像特性与透镜厚度的定量关系。对于二维光子准晶平板透镜的应用制备，其对点光源可产生聚焦现象及完美成像的厚度范围也是必须考虑的重要参数。因此，二维光子准晶平板透镜聚焦与厚度关系的研究尤为重要。若能分析并揭示出聚焦厚度与二维光子准晶结构之间的内在规律，则其研究将更具科学意义。

刘建军等人以锗柱基 10 重光子准晶平板透镜为例，在确定点光源、物距、散射子尺寸及折射率、透镜宽度的情况下，分析了二维光子准晶平板透镜聚焦成像特性随着透镜厚度变化的关系，得出以下结论：① 当透镜厚度处于环形光子流主通道对应厚度及其附近处时，透镜容易产生聚焦现象，且透镜对点光源会聚效果的优劣及对点光源聚焦成像特性稳定性的高低与聚焦厚度的大小及准周期性的强弱密切相关；② 聚焦厚度大小的单调变化，使得透镜表面状况呈非规律变化，进而导致透镜聚焦成像特性不呈单调变化，见图 5-21 和图 5-22。

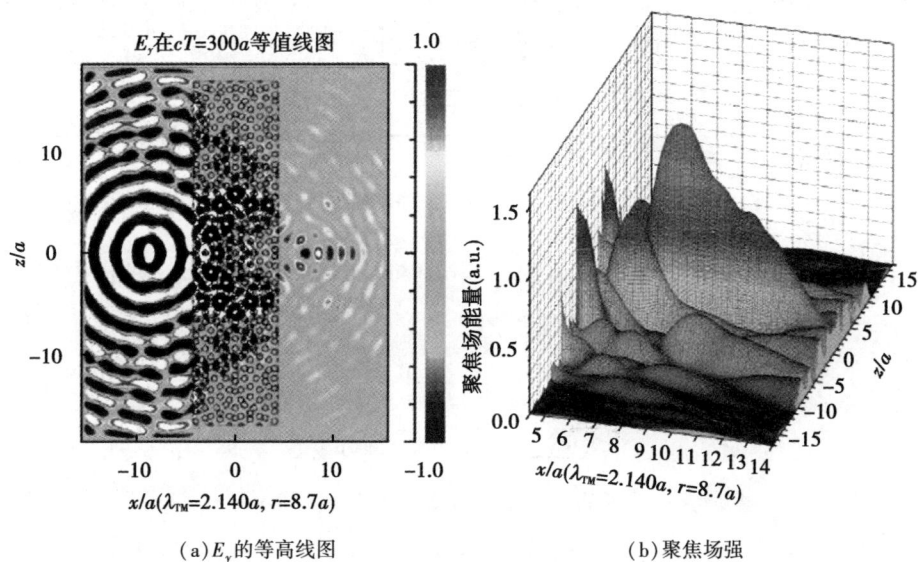

(a) E_y 的等高线图

(b) 聚焦场强

图 5-21　厚度 $d = 8.7a$ 的二维光子准晶平板透镜对点光源 $\lambda_{TM} = 2.140a$ 的完美成像图

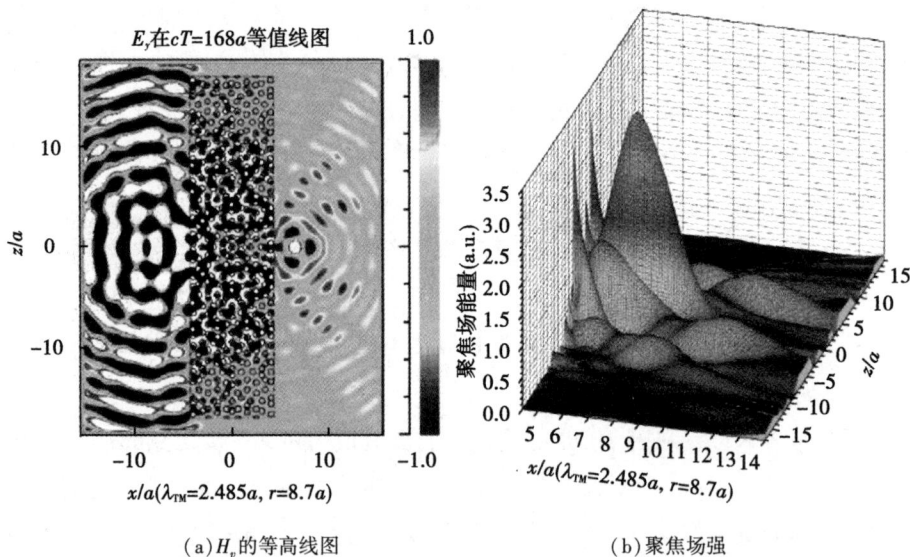

(a) H_y 的等高线图   (b) 聚焦场强

图 5-22 厚度 $d=8.7a$ 的二维光子准晶平板透镜对点光源 $\lambda_{TE}=2.485a$ 的完美成像图

刘薇等人分析了介质柱型的 Sunflower 型准周期光子晶体平板透镜与透镜厚度之间的关系。其中，该平板透镜中心对称点与二维平面 xOz 的原点 O 重合，设点光源的物距为 u，透镜厚度为 d，像距 v。分析结果表明，当层数为 8 时，有较多的有效值，并且效率最佳，如表 5-1 所列。

表 5-1 不同层数对应的有效会聚点参数

层数	折射率(n)	波长/μm	I_p(a.u.)
16	1.6	1.36	32
16	2	1.55	4
12	1.6	1.65	24
12	2	1.75	8
12	2.4	1.9	5
8	1.6	1.5	56
8	1.6	1.6	48
8	1.6	1.7	46
8	2	1.7	52
8	2	1.8	56
8	2	1.9	60
4	1.6	0.7	1
4	2	1.66	4

5.3.7 成像特性与透镜宽度的关系

对于二维光子准晶平板透镜，在其外形尺寸上，以往的研究大多集中在透镜厚度方面，在透镜宽度对聚焦成像特性影响方面的研究并不多见。虽然 Gennaro 等人研究了 12 重 Stampfli 型光子准晶平板透镜在不同宽度下对线源的聚焦成像特性，但并未给出聚焦成像特性与平板宽度的定量关系，仅给出了一些定性且不够准确的结论。

刘建军等人以锗柱基 10 重光子准晶平板透镜为例，在确定点光源、物距、散射子尺寸及折射率、透镜厚度的情况下，分析了二维光子准晶平板透镜的聚焦成像特性随着平板宽度变化的规律。采用 FDTD 法计算并分析了二维光子准晶平板透镜在透镜宽度($w \leq 34a$，$w = 0.5a$)连续变化情况下的聚焦成像特性。得出结论：改变横向宽度会影响透镜对点光源的聚焦成像特性，且随着宽度的单调增大，透镜对点光源的像强、像质及物距与像距之和均不呈单调变化，且逐步趋于稳定，见图 5-23。

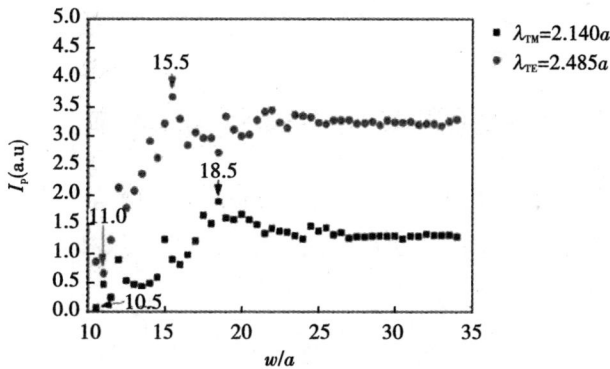

(a)像强 I_p

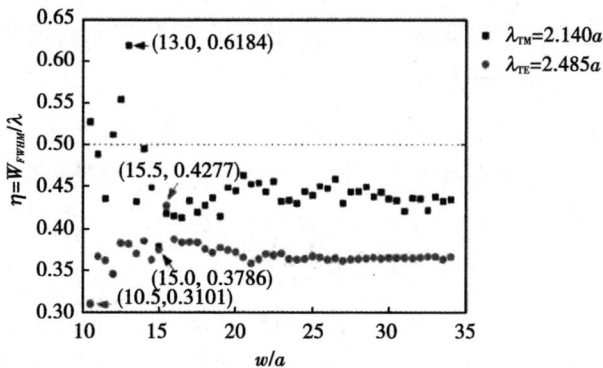

(b)最大像点半宽度系数 η

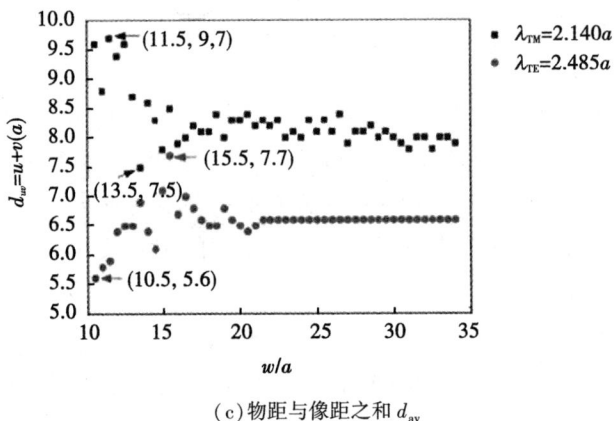

（c）物距与像距之和 d_{av}

图5-23　二维光子准晶平板透镜对两点光源的聚焦成像特性与透镜宽度关系图

5.4　结构无序对特定偏振模式准晶光子晶体平板特性的影响

5.4.1　界面对准晶光子晶体平板成像质量的影响

对于周期性光子晶体而言，光子晶体截断面对获得高质量的成像起着非常关键的作用。但是，关于截断面对准晶光子晶体次波长成像是否有影响的讨论，目前还没有专门的报道。一般情况下，主要从两个方面考察成像结果：一个是像的位置，另一个是像的分辨率（像强度分布的半高全宽）。像的位置依赖于结构的有效折射率和物质的均匀性，它与倏逝波是否放大无关。也就是说，只考虑传输波也可以观察到聚焦和成像，只是像的分辨率不会突破衍射极限。然而，超透镜效应源自倏逝波的放大，因此，若讨论界面对像的影响，则主要考虑界面对像的分辨率的影响。

对于一个由正方形和三角形在空间按照一定的规律堆砌成的12重准晶光子晶体，选择介质柱的介电常数为8.6，$r=0.3a$，背景介质的介电常数为1.04，$a=1$ μm，并将该结构放置在空气中，见图5-24。

对于上述12重准晶结构，选取横向宽度为22 μm，纵向宽度为11 μm，点光源置于准晶光子晶体平板正下方横向对称中心、距离平板下边缘−5.5 μm的地方。当 $\lambda=1.6929$ μm 的光入射到该平板上时，该结构可以对 TE 模的点光源

138

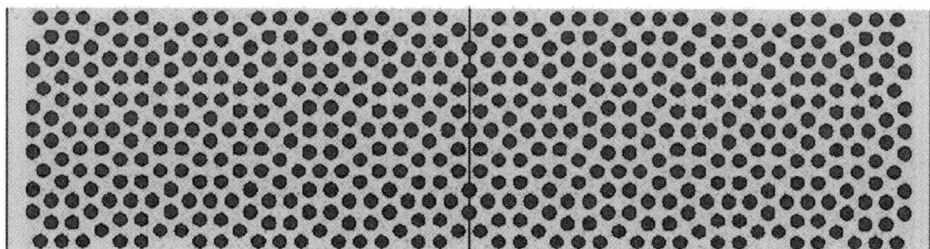

图 5-24　12 重准晶光子晶体结构图

成像，见图 5-25。由图 5-25 可以清楚地看到，点光源在平板的上方成一个很小的像，这意味着在该波长下，上述准晶光子晶体具有负折射特性；由于点光源的位置为 -11，而像的位置在 8.85 附近，这说明该结构的有效折射率不严格等于 -1。图 5-26 给出了像平面的强度分布，该结构所成像的横向尺寸可以通过像平面的横向强度分布的半高全宽来计算，通过计算可知，像的横向大小约为 0.33λ，这小于传统的衍射极限——0.5λ，因此，图 5-24 给出的结构可以用于超透镜成像。

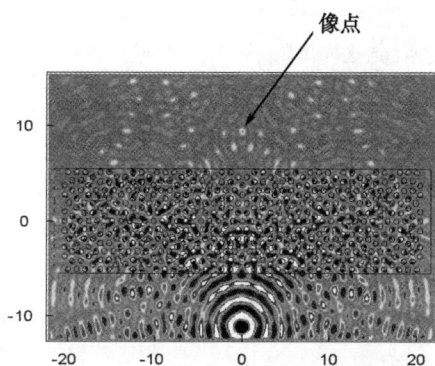

图 5-25　12 重准晶光子晶体平板成像的理论强度分布图

为了计算不同截面对聚焦或成像的影响，分别计算了对应于 23 层、21 层、19 层、17 层、15 层、13 层、11 层、9 层、7 层介质柱构成的准晶光子晶体平板对点光源的成像和在像平面的横向强度分布，见图 5-27，其中像距平板的位置均取平板厚度的一半。

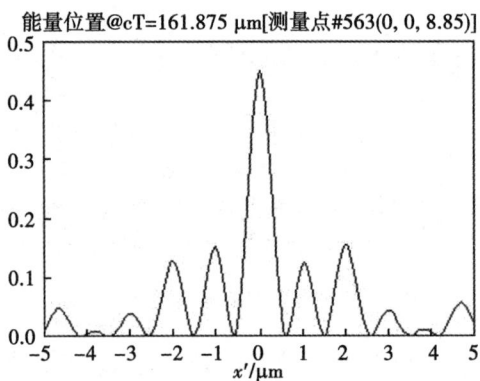

能量位置@cT=161.875 μm[测量点#563(0, 0, 8.85)]

图 5-26　沿着像平面, 像附近的横向强度分布图

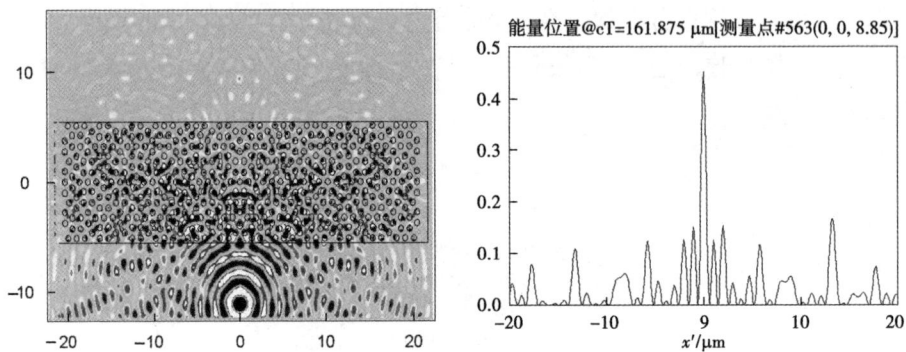

（a）23 层

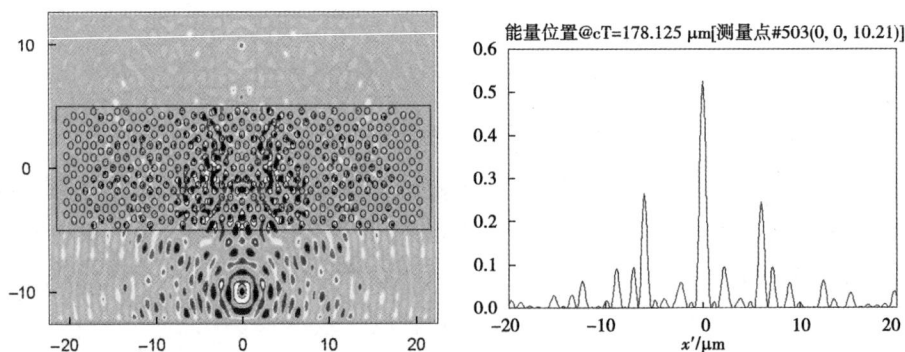

（b）21 层

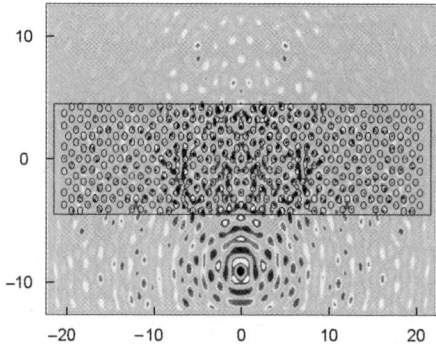
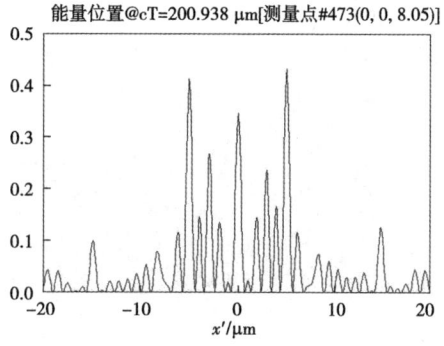

能量位置@cT=200.938 μm[测量点#473(0, 0, 8.05)]

（c）19层

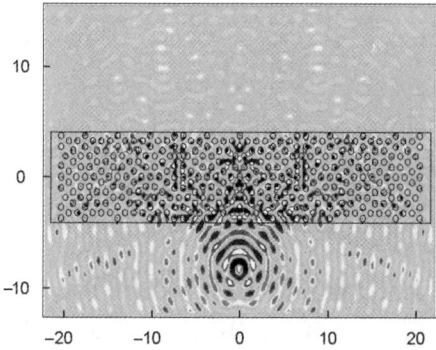
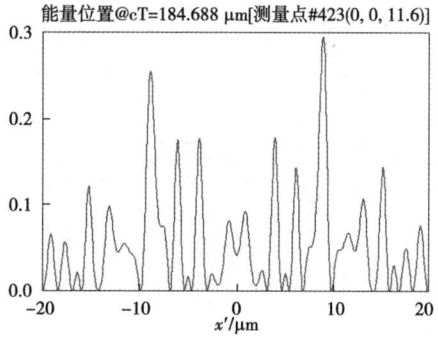

能量位置@cT=184.688 μm[测量点#423(0, 0, 11.6)]

（d）17层

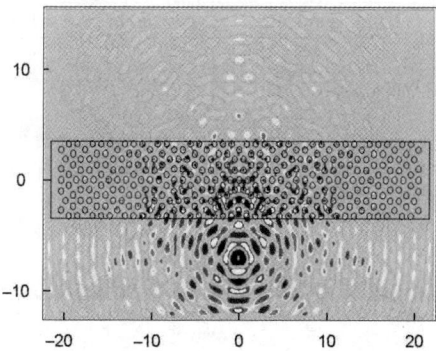
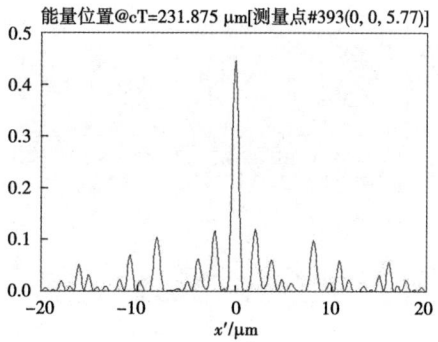

能量位置@cT=231.875 μm[测量点#393(0, 0, 5.77)]

（e）15层

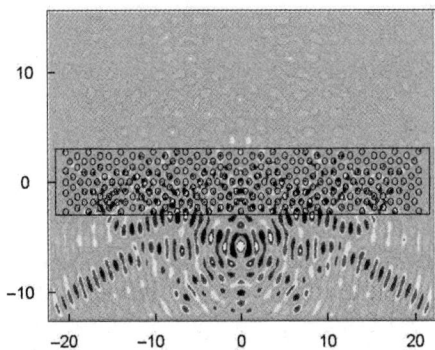
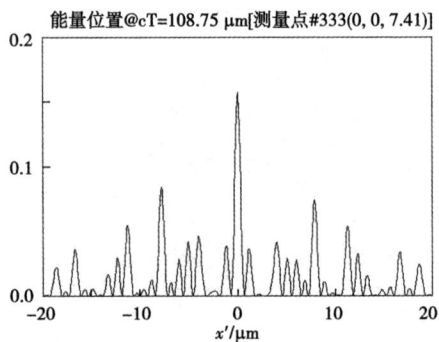

（f）13 层

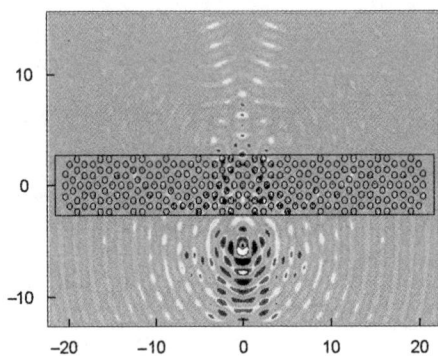
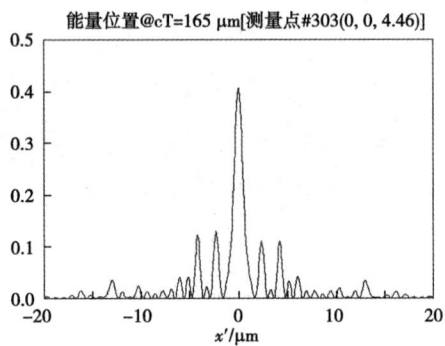

（g）11 层

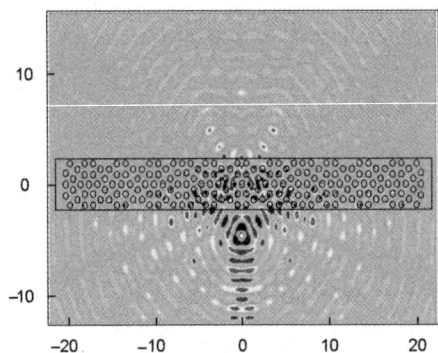
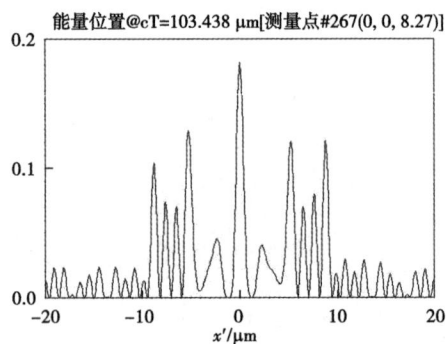

（h）9 层

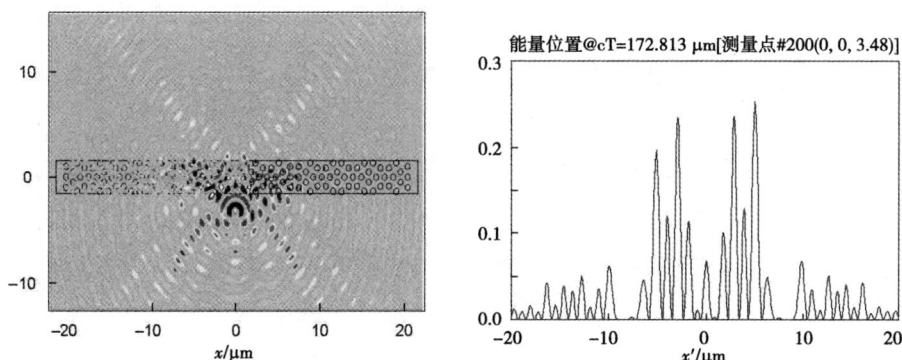

(i)7层

图 5-27　不同层数的准晶光子晶体平板对点光源的成像(左)和像平面上的
横向强度分布(右)

从图 5-27 不难看出,当平板结构的层数不同时,所成的像和像平面上的
强度分布都显著不同,只有在像平面上横向对称中心的强度显著高于周围强
度——聚焦,而且分辨率小于 0.5λ——突破衍射极限这两个条件同时满足的那
些结构[见图 5-27(a)(b)(e)],才能对点光源成一高质量的像。而图 5-27
(g)虽然发生了聚焦,但是,其分辨率大于 0.5λ,没有突破衍射极限,因此图
5-27(g)对应的结构不能实现亚波长成像。由此可见,并非所有层数的准晶光
子晶体结构都可以对点光源成像,而且成像的分辨率能否突破传统衍射极限也
与层数有很大的关系。产生这种现象的原因是:对不同层数的结构,其入射截
面是不同的,因此,准晶光子晶体平板的负折射成像与周期性光子晶体平板的
负折射成像一样,成像与截面的结构显著相关,只有特定的结构,才可以激发
表面波,使倏逝波得以恢复,从而得到较好的聚焦;由于准晶光子晶体结构缺
乏平移对称性,因此其成像与截面的关系比光子晶体平板成像复杂得多。

此外,我们还计算了图 5-27 中不同结构成像的分辨率。结果表明,图 5-
27(a)对应的结构,也就是图 5-25 所示结构的分辨率最高,而图 5-27(g)对应
的结构分辨率最低。

5.4.2 点光源的横向位置对准晶光子晶体平板成像质量的影响

由于周期性光子晶体结构具有平移对称性,因此周期性光子晶体自然满足超透镜成像的优点之一——没有光轴,成像过程不需要严格的准直。但是,由于准晶光子晶体不具备平移对称性,因此它是否具有超透镜成像的这个优点值得考证。为了澄清这一问题,本节将具体分析入射点光源的横向位置与像的横向位置之间的关系。同样,仍然以成像效果最佳结构——图 5-24 所示结构为例。

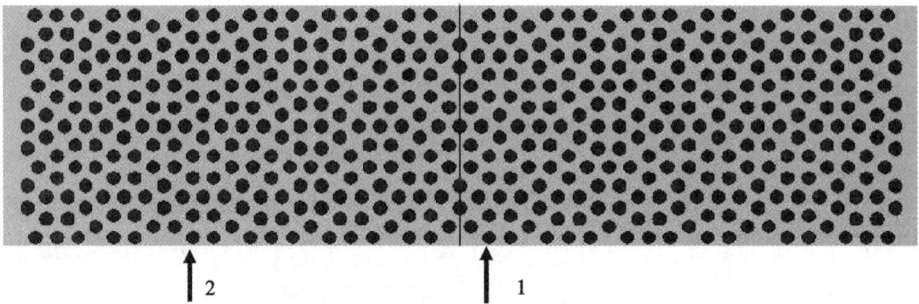

图 5-28 12 重准晶光子晶体平板结构图

由于成像情况复杂,无法给出像的横向位置与点光源横向位置之间的变化曲线,但为了说明问题,给出了点光源位于不同横向位置时对应的成像情况。图 5-29(a)~(i)分别给出了点光源的横向位置从图 5-28 中箭头 1 的位置逐渐移动到箭头 2 的位置时,准晶光子晶体平板的成像效果图。

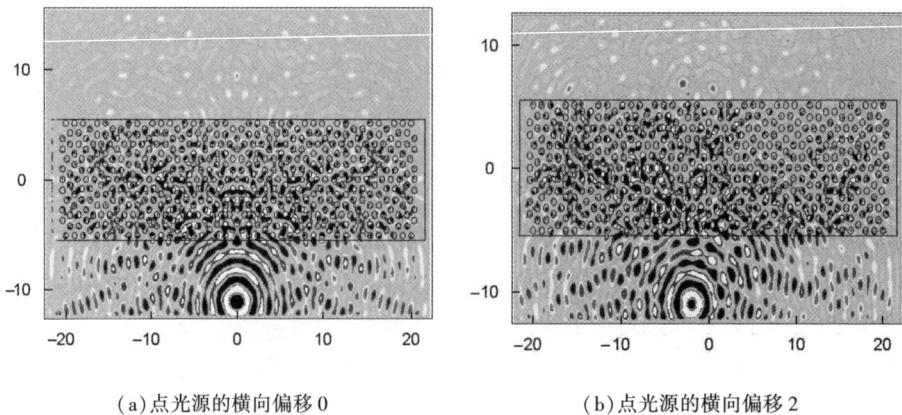

(a)点光源的横向偏移 0

(b)点光源的横向偏移 2

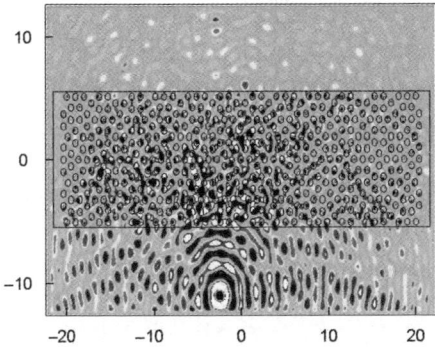

(c)点光源的横向偏移 2.5

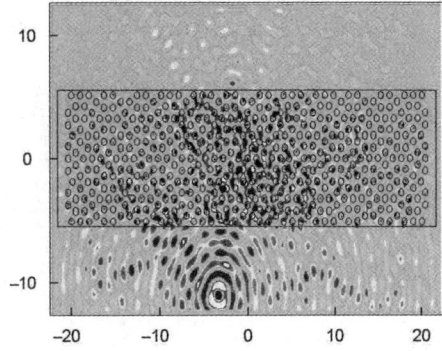

(d)点光源的横向偏移 3

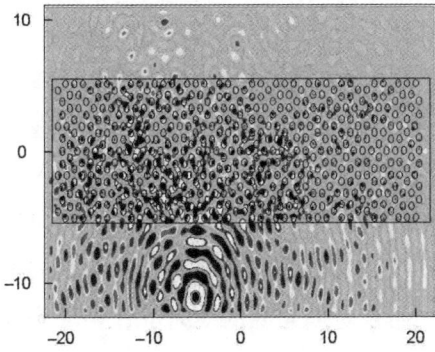

(e)点光源的横向偏移 5

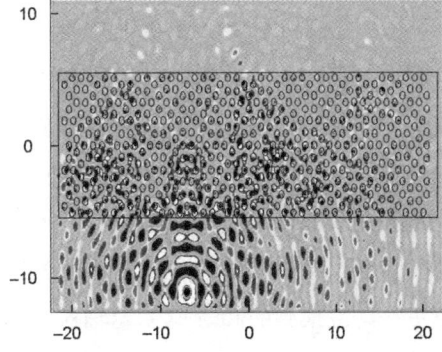

(f)点光源的横向偏移 7

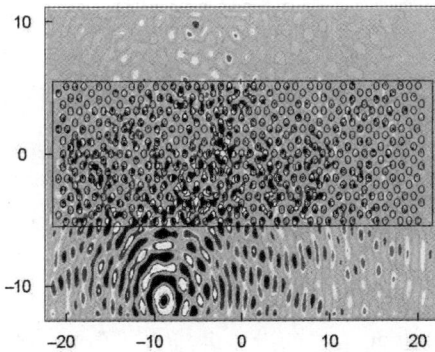

(g)点光源的横向偏移 9

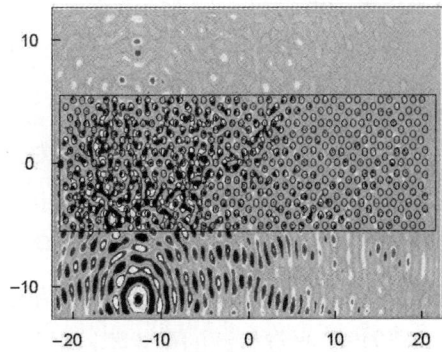

(h)点光源的横向偏移 12.5

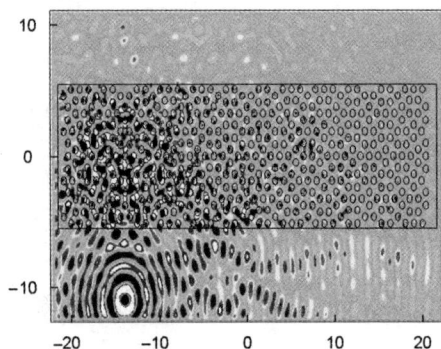

(i)点光源的横向偏移 14

图 5-29　点光源位于不同位置时，准晶光子晶体平板成像图

从图 5-29 中可以非常明显地看出，准晶光子晶体平板成像与点光源的横向位置非常相关：只有当点光源在图 5-28 箭头所指的两个横向位置处，才可以在与点光源相应的横向位置成高质量的像；当点光源位于其他位置时，很难在平板的另一侧、与点光源相同的横向位置处成一个高质量像；即使点光源的横向位置非常靠近箭头所指位置，所成像的横向位置也会偏离点光源的横向位置。该模拟结果说明，由于准晶光子晶体平板结构缺乏平移对称性，因此该结构并不具备预测的超透镜无光轴这一优点，而且对点光源的横向位置要求非常严格，故而，在利用准晶光子晶体结构作为超透镜使用时，必须对点光源的位置进行严格调整，这是以往所忽略的问题。另外，从可以成高质量像的两个箭头的位置能够看出，这两个位置附近的结构几乎完全相同，这说明对于准晶光子晶体而言，若结构具备一定的平移对称性，则能够成高质量像的点光源的位置也具备相应的平移对称性。

为了进一步地证明负折射的行为与点光源的位置相关，我们还模拟了电磁波穿过楔型结构后的传输方向。当电磁波垂直入射到楔型结构的下表面时，电磁波经过上表面后的传播方向有两种可能：若电磁波偏向结构的右侧传输，则表明发生了负折射；若电磁波偏向结构的左侧传输，则表明发生了正折射。图 5-30 给出了当点光源的位置不同时，$\lambda = 1.6929~\mu m$ 的电磁波垂直入射到倾角为 16.9° 楔型结构上的模拟结果。从图 5-30 中可以看出，准晶光子晶体是否发生负折射的确与点光源的位置有关，当点光源严格位于结构的对称中心时，负折射效应最显著[见图 5-30(a)]；否则，可能不产生负折射行为，见图 5-30 (b)(c)。这说明准晶光子晶体平板成像的确与点光源的横向位置有关，不同于周期性光子晶体,因此,用准晶光子晶体平板制作的超透镜存在类似于普通透镜的光轴。从这个特性来看,周期性光子晶体平板成像优于准晶光子晶体。

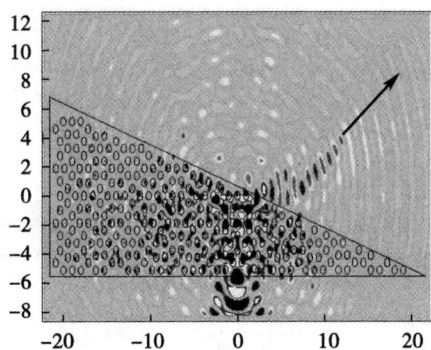

(a)点光源位于对称中心

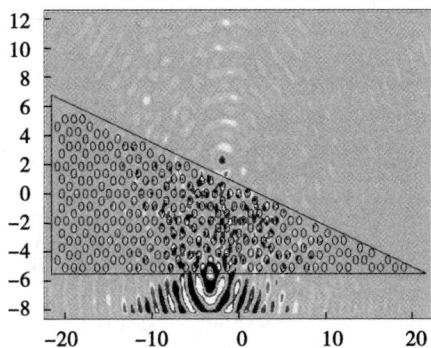

(b)点光源位置稍向左偏离

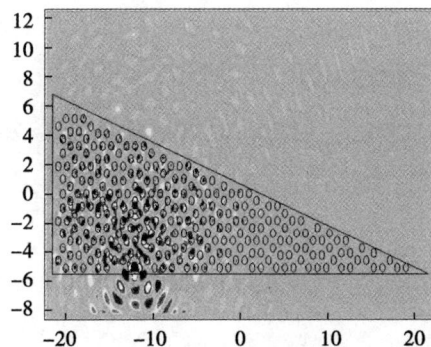

(c)点光源位置继续偏左

图 5-30 点光源的位置不同时,电磁波入射到契型结构上的场分布图

5.4.3　结构无序对准晶光子晶体平板成像质量的影响

由第 3 章的研究可知，准晶光子晶体的结构无序不仅会影响其带隙特性，而且常常影响一些器件的性能。对于周期性光子晶体，结构无序还常常会降低光子晶体平板成像的分辨率。但是，目前还没有关于结构无序对准晶光子晶体平板成像的影响的专门研究。我们在这一节将首次研究位置和尺寸无序对准晶光子晶体成像性能的影响，揭示加工误差对准晶光子晶体平板成像的限制。

首先，考虑位置无序，也就是位置误差对准晶光子晶体平板成像质量的影响，准晶光子晶体的各参数同上，在没有误差或者说无序程度为零时，其成像图和横向强度分布见图 5-25 和图 5-26 所示。图 5-31(a)(b)分别给出了位置无序为 $0.05a$ 和 $0.10a$ 时，准晶光子晶体平板成像图。从图 5-31 中可以看出，位置无序对准晶光子晶体平板的成像有较大的影响：当位置无序为 $0.05a$ 时，聚焦效果已经变得不明显；并且成像效果随着位置无序增大而越来越差。因此，位置无序会降低准晶光子晶体平板的成像质量。

对于 500 nm 的加工波长，目前半导体加工技术的误差为 1%～2%，因此，对于本书研究的晶格常数为 1 μm 的情况，相应的加工误差为 $(0.005～0.010)a$。在研究结构无序时，有必要研究在误差允许的范围内，误差对成像的影响。图 5-32(a)(b)分别给出位置无序为 $0.005a$ 和 $0.010a$ 时，准晶光子晶体平板成像图和横向强度分布图，其相应的分辨率分别为 0.33λ 和 0.33λ。从成像的分辨率可以看出，在加工误差范围内，位置误差对准晶光子晶体平板聚焦的影响基本可以忽略。因此，如果位置误差在允许的范围内，利用准晶光子晶体平板，仍然可以观测点光源的聚焦和成像。

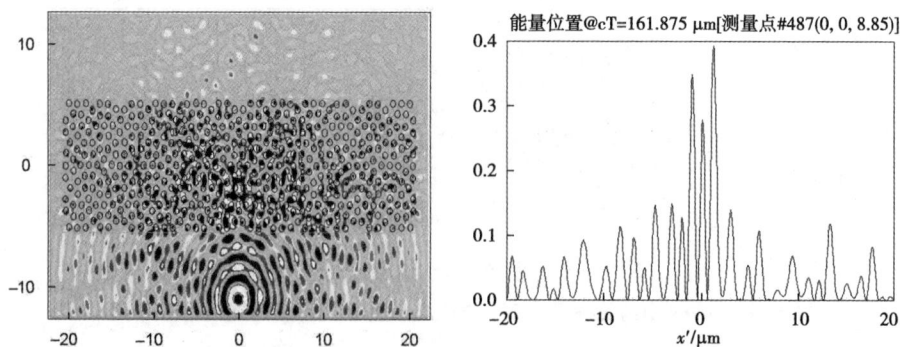

(a) 位置无序为 $0.05a$

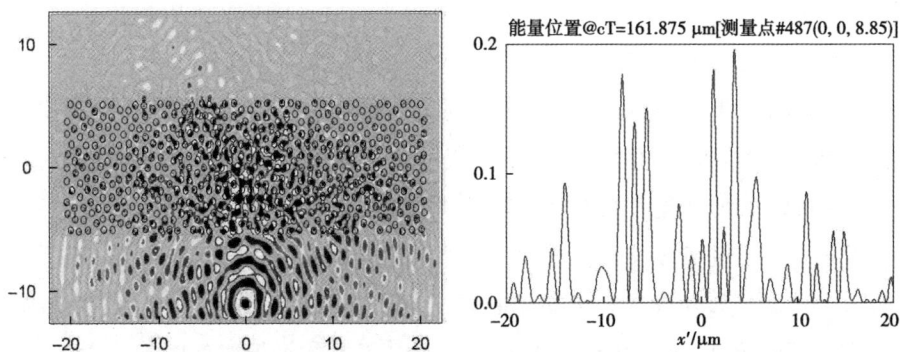

(b) 位置无序为 0.10a

图 5-31 位置无序分别为 **0.05a** 和 **0.10a** 时, 准晶光子晶体平板成像图(左)

和横向强度分布图(右)

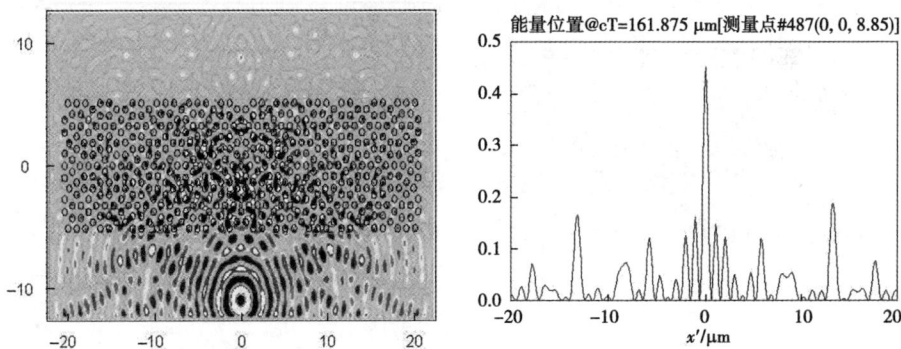

(a) 位置无序为 0.005a

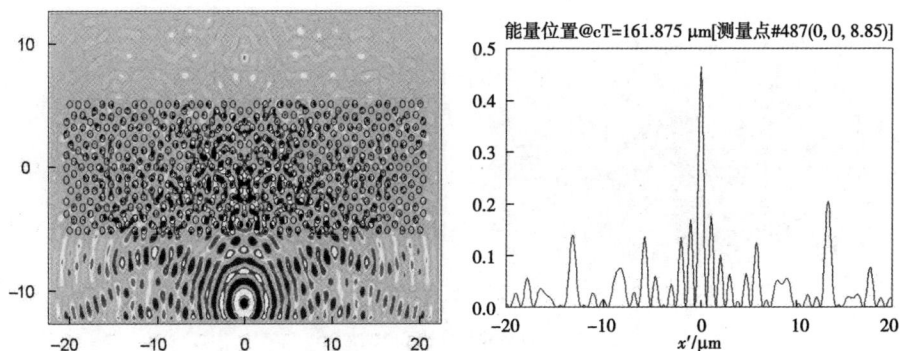

(b) 位置无序为 0.010a

图 5-32 位置无序分别为 **0.005a** 和 **0.010a** 时, 准晶光子晶体平板成像图(左)

和横向强度分布图(右)

在考虑了位置无序对准晶光子晶体平板成像的影响后，可以讨论尺寸无序对准晶光子晶体平板成像的影响，准晶光子晶体的各参数同上。图5-33(a)(b)分别给出尺寸无序为0.05a和0.10a时，准晶光子晶体平板成像图和横向强度分布图。从图5-33中可以看出，尺寸无序对准晶光子晶体平板的成像有较大的影响：当尺寸无序为0.05a时，该结构虽然发生了聚焦，但成像位置已偏离光源，并且成像效果随着尺寸无序增大而越来越差。为了进一步地比较尺寸误差和位置误差对准晶光子晶体平板成像影响的大小，进一步地计算绘制了尺寸误差分别为0.005a和0.010a时，准晶光子晶体平板成像图和横向强度分布图，见图5-34。

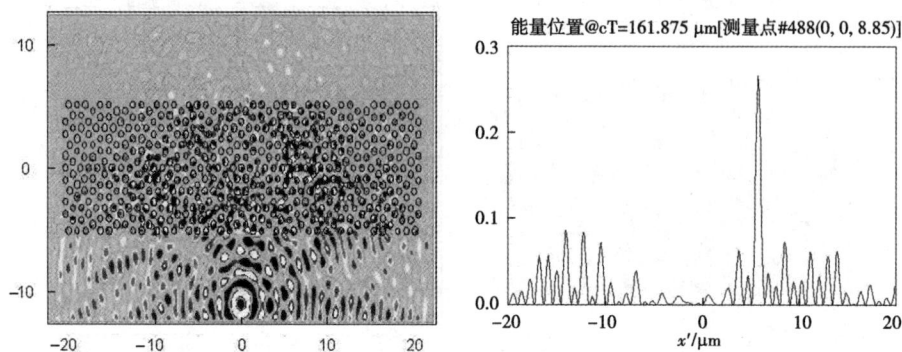

(a)尺寸无序为0.05a

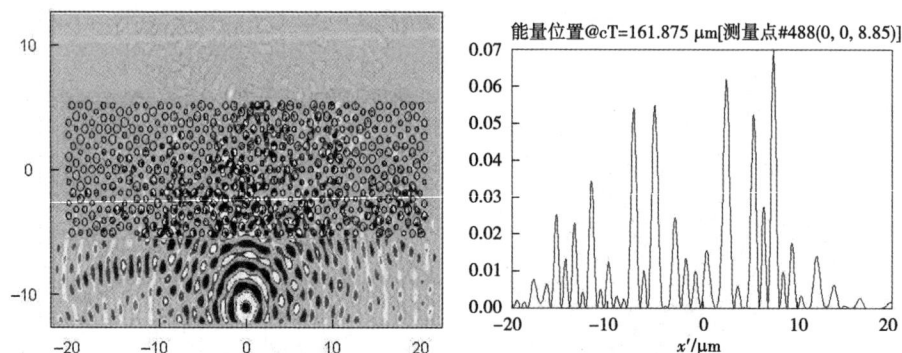

(b)尺寸无序为0.10a

图5-33　尺寸无序分别为0.05a和0.10a时，准晶光子晶体平板成像图(左)和横向强度分布图(右)

(a) 尺寸无序为 0.005a

(b) 尺寸无序为 0.010a

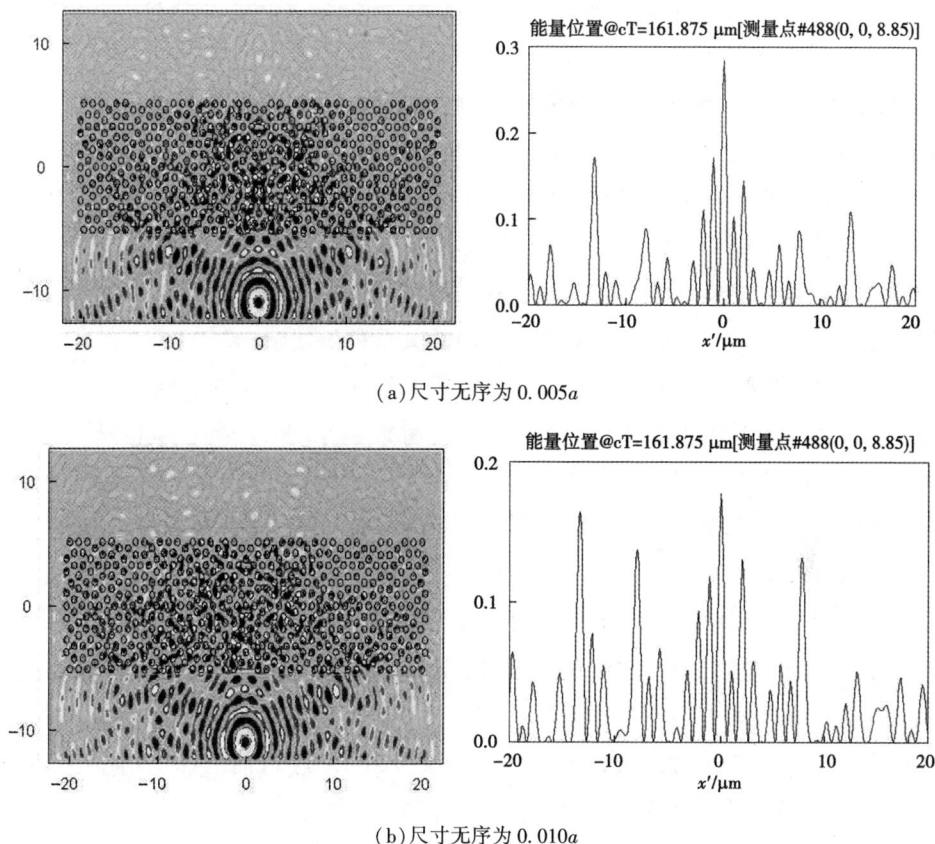

图 5-34　尺寸无序分别为 0.005a 和 0.010a 时，准晶光子晶体平板成像图(左)和横向强度分布图(右)

从图 5-34 可以看出，即使尺寸无序在加工误差允许的范围内，微米波段的准晶光子晶体平板成像也遭到严重破坏，几乎观测不到显著的聚焦和成像现象，甚至当尺寸误差小至 1% 时，聚焦现象也不是很明显。因此，在目前的加工精度条件下，利用准晶光子晶体平板观测光波段(390~700 nm)的亚波长成像更为困难。对比该结果与前面位置无序对准晶光子晶体平板成像的影响可知，尺寸无序对位置无序的影响要大得多。

本节的研究结果表明，位置无序和尺寸无序都会破坏准晶光子晶体平板的成像效果，而且随着无序程度增大，破坏越来越严重；尺寸无序大于位置无序对成像效果的影响；在加工误差允许的范围内，位置无序对准晶光子晶体平板在微米波段成像的影响可以忽略，而尺寸无序对准晶光子晶体平板在微米波段成像的影响不可忽略，因此，在目前的加工精度条件下，很难观测到准晶光子晶体平板在光波段的高质量成像。

本节首次揭示了准晶光子晶体平板的截面、点光源偏离横向对称中心的位置和结构无序对负折射准晶光子晶体平板成像质量的重要影响。数值模拟表明以下结果。

(1)准晶光子晶体平板的负折射成像与周期性光子晶体平板的负折射成像一样，成像与截面的结构显著相关，只有特定的结构或者说特定的结构层才可以激发表面波，使倏逝波得以恢复，从而得到较好的聚焦；由于准晶光子晶体结构缺乏平移对称性，因此其成像与截面的关系更为复杂。

(2)除特定的横向位置外，点光源很难在与点光源相应的横向位置成高质量的像，这是准晶光子晶体结构缺乏平移对称性引起的。因此，准晶光子晶体平板成像不具备超透镜无光轴这一优点，在利用准晶光子晶体结构作为超透镜使用时，必须对点光源的位置进行严格调整，这是一种值得注意的重要现象。

(3)无论是位置无序，还是尺寸无序，都会影响准晶光子晶体平板的成像质量，并且随着无序程度增大，影响逐渐增大；尺寸无序对成像的影响远大于位置无序对成像的影响，准晶光子晶体平板成像可以承受较大的位置误差，而对尺寸误差的要求非常高——即使在加工误差允许的范围内，尺寸无序对准晶光子晶体平板在微米波段成像的影响也很大，因此，在目前的加工精度下，很难观测到准晶光子晶体平板在可见光波段的亚波长成像。

这些研究结果为设计最佳负折射准晶光子晶体超透镜和更好地观测亚波长成像提供了确定的截面结构和加工容差限制，并指出了观测时需要对点光源的横向位置进行严格调整这一重要问题。

参考文献

[1] YABLONOVITCH E. Inhibited spontaneous emission in solid-state physics and electronics[J].Physical review letters, 1987, 58(20): 2059-2062.

[2] JOHN S.Strong localization of photons in certain disordered dielectric super-lattices[J].Physical review letters, 1987, 58(23): 2486-2489.

[3] YABLONOVITCH E, GMITTER T J, MEADE R D, et al.Donor and acceptor modes in photonic band structure[J].Physical review letters, 1991, 67(24): 3380-3383.

[4] OZHAY E, MICHEL E, TUTTLE G, et al.Micromachined millimeter-wave photonic band-gap crystals[J].Applied physics letters, 1994, 64(16): 2059-2061.

[5] OZHAY E, TEMELKURAN B, SINALAS M, et al.Defect structures in metallic photonic crystals[J].Applied physics letters, 1996, 69(25): 3797-3799.

[6] LIN S Y, FEMING J G, HETHERINGTON D L, et al.A three-dimensional photonic crystal operating at infrared wavelengths[J].Nature, 1998, 394(6690): 251-253.

[7] HOLLAND B T, BLANFORD C F, STEIN A.Synthesis of macroporous minerals with highly ordered three-dimensional arrays of spheroidal voids[J].Science, 1998, 281(5376): 538-540.

[8] WIJNHOVEN J E G J, VOS W L.Preparation of photonic crystals made of air spheres in titania[J].Science, 1998, 281(5378): 802-804.

[9] ZAKHIDOV A A, BAUGHMAN R H, IQBAL Z, et al.Carbon structures with three-dimensional periodicity at optical wavelengths[J].Science, 1998, 282(5390): 897-901.

[10] MEI D, CHENG B Y, HU W, et al.Three-dimensional ordered patterns by light interference[J].Optics letters, 1995, 20(5): 429-431.

[11] CAMPBELL M, SHARP D N, HARRISON M T, et al.Fabrication of photonic crystals for the visibal spectrum by holographic lithography[J].Nature, 2000, 404(6773): 53-56.

[12] CUMPSTON B H, ANANTHAVEL S P, BARLOW S, et al.Two-photon polymerization initiators for three-dimensional optical data storage and microfabrication[J].Nature, 1999, 398(6722): 51-54.

[13] MARUO S, NAKAMURA O, KAWATA S.Three-dimensional microfabrication with two-photon-absorbed photopolymerization[J].Optics letters, 1997, 22(2): 132-134.

[14] SATOSHI K, HONG-BO S, TOMOKAZU T, et al.Finer features for functional microdevices[J].Nature, 2001, 412(6848): 697-698.

[15] SATPATHY S, ZHANG Z, SALEHPOUR M R.Theory of photon bands in 3-dimensional periodic dielectric structures[J].Physical review letters, 1990, 64(11): 1239-1242.

[16] LEUNG K M, LIU Y F.Photon band structures: the plane-wave method [J].Physical review B, 1990, 41(14): 10188-10190.

[17] HO K M, CHAN C T, SOUKOULIS C M.Existence of a photonic gap in periodic dielectric structures[J].Physical review letters, 1990, 65(25): 3152-3155.

[18] LI L M, ZHANG Z Q, ZHANG X D.Transmission and absorption properties of two-dimensional metallic photonic-band-gap materials[J].Physical review B, 1998, 58(23): 15589-15594.

[19] MARTIN O J F, GIRARD C, SMITH D R, et al.Generalized field propagator for arbitrary finite-size photonic band gap structures[J].Physical review letters, 1999, 82(2): 315-318.

[20] 高本庆.时域有限差分法[M].北京: 国防工业出版社, 1995.

[21] YANG H Y D.Finite difference analysis of 2D photonic crystals[J].IEEE transactions on microwave theory and techniques, 1996, 44(12): 2688-2695.

[22] YONEKURA J, IKEDA M.Analysis of finite 2-D photonic crystals of columns and lightwave devices using the scattering matrix method[J].Journal of lightwave technology, 1999, 17(8): 1500-1508.

[23] PENDRY J B, MACKINNON A.Calculation of photon dispersion relations [J].Physical review letters, 1992, 69(19): 2772-2775.

[24] CHAN C T, YU Q L, HO K M.Order-N spectral method for electromagnetic-waves[J].Physical review B, 1995, 51(23): 16635-16642.

[25] KORRINGA J.On the calculation of the energy of a Bloch wave in a metal [J].Physica, 1947, 13(6/7): 392-400.

[26] BJARKLEV A, BROENG J, BJARKLEV S, et al.Photonic crystal fibres [M].New York: Springer U S, 2003.

[27] KNIGHT J C, BIRKS T A, RUSSELL P S J, et al.All-silica single-mode optical fiber with photonic crystal cladding[J].Optics letters, 1999, 21 (19): 1547-1549.

[28] KNIGHT J C, BROENG J, BIRKS T A, et al.Photonic band gap guidance in optical fibers[J].Science, 1998, 282(5393): 1476-1478.

[29] MEKIS A, CHEN J C, KURLAND I, et al.High transmission through sharp bends in photonic crystal waveguides[J].Physical review letters, 1996, 77(18): 3787-3790.

[30] GERSEN H, KARLE T J, ENGELEN R J P.Real-space observation of ultraslow light in photonic crystal waveguides[J].Physical review letters, 2005, 94(7): 073903-1-073903-4.

[31] PAINTER O, LEE R K, SCHERER A, et al.Two-dimensional photonic band-gap defect mode laser[J].Science, 1999, 284(5421): 1819-1821.

[32] RICHARD D L R, CHIRS S.Photonics: on the threshold of success[J]. Nature, 2000, 408(6313): 653-655.

[33] MEIER M, MEKIS A, DODABOLAPUR A, et al.Laser action from two-dimensional distributed feedback in photonic crystals[J].Applied physics letters, 1999, 74(1): 7-9.

[34] ZHOU D, MAWST L J.High-power single-mode antiresonant reflecting optical waveguide-type vertical-cavity surface-emitting lasers[J].IEEE journal

of quantum electronics, 2002, 38(12): 1599-1606.

[35] FAN S, VILLENEUVE P R, JOANNOPOULOS J D, et al.High extraction efficiency of spontaneous emission from slabs of photonic crystals[J].Physical review letters, 1997, 78(17): 3294-3297.

[36] KOSHIBA M. Wavelength division multiplexing and demultipexing with photonic crystal waveguide couplers[J].Journal of lightwave technology, 2001, 19(2): 1970-1975.

[37] LEI X, LI H, DING F, et al.Novel application of a perturbed photonic crystal: high-quality filter[J].Applied physics letters, 1997, 71(20): 2889-2891.

[38] MLEE M C, DOOYOUNG H, LAU E K, et al.Nano-electro-mechanical photonic crystal switch[C].OFC2002, 2002: 94-95.

[39] TAKEDA H, YOSHINO K. Tunable light propagation in Y-shaped waveguides in two-dimensional photonic crystals utilizing liquid crystals as linear defects[J].Physical review B, 2003, 67(7): 073106-1-073106-4.

[40] LIU C Y, CHEN L W.Tunable photonic-crystal waveguide Mach-Zehnder interferometer achieved by nematic liquid-crystal phase modulation[J].Optics express, 2004, 12(12): 2616-2624.

[41] OHTERA Y, SATO T, KAWASHIMA T, et al.Photonic crystal polarization splitters[J].Electronics letters, 1999, 35(15): 1271-1273.

[42] HOSOMI K, KATSUYAMA T.A dispersion compensator using coupled defects in a photonic crystal[J].IEEE journal of quantum electronics, 2002, 38(7): 825-829.

[43] KOSAKA H, KAWASHIMA T, TOMITA A, et al.Superprism phenomena in photonic crystals[J].Physical review B, 1998, 58(16): R10096-R10099.

[44] LUO C, JOHNSON S G, JOANNOPOULOS J D, et al.All-angle negative refraction without negative effective index[J].Physical review B, 2002, 65(20): 201104-1-201104-4.

[45] BELOV P A, SIMOVSKI C R, IKONEN P.Canalization of subwavelength image by electromagnetic crystals[J].Physical review B, 2005, 71(19):

193105-1-193105-4.

[46] PARIMI P V, LU W T, VODO P, et al.Photonic crystals: imaging by flat lens using negative refraction[J].Nature, 2003, 426(6965): 404.

[47] PARIMI P V, LU W T, VODO P, et al.Negative refraction and left-handed electromagnetism in microwave photonic crystals[J]. Physical review letters, 2004, 92(12): 127401-1-127401-4.

[48] SRINIVASAN K, BARCLAY P E, PAINTER O, et al.Experimental demonstration of a high quality factor photonic crystal microcavity[J].Applied physics letters, 2003, 83(10): 1915-1917.

[49] LOCATELLI A, MODOTTO D, PALOSCHI D, et al.Alloptical switching in ultrashort photonic crystal couplers[J].Optics communications, 2004, 237(1/2/3): 97-102.

[50] NAKAMURA H, SUGIMOTO Y, KANAMOTO K. Ultra-fast photonic crystal/quantum dot alloptical switch for future photonic networks[J].Optics express, 2004, 12(26): 6606-6614.

[51] SCALORA M, DOWLING J P, BOWDEN C M, et al.Bloemer optical limiting and switching of ultrashort pulses in nonlinear photonic band gap materials[J].Physical review letters, 1994, 73(10): 1368-1371.

[52] KOROTEEV N I, MAGNITSKII S A, TARASISHIN A V, et al.Compression of ultra-short light pulses in photonic crystals: when envelopes cease to be slow[J].Optics communications, 1999, 159(1/2/3): 191-202.

[53] MARTORELL J, VILASECA R, CORBALAN R.Second harmonic generation in photonic crystal[J].Applied physics letters, 1997, 70(6): 702-704.

[54] CHAN Y S, CHAN C T, LIU Z Y.Photonic band gaps in two-dimensional photonic-quasicrystals[J].Physical review letters, 1998, 80(5): 956-959.

[55] STEINHARDT P J, OSTLUND S.The physics of quasicrystals[M].Singapore: World Scientific, 1987.

[56] 郭可信.准晶研究[M].杭州: 浙江科学技术出版社, 2004.

[57] JIN C, CHENG B, MAN B, et al.Band gap and wave guiding effect in a quasiperiodic photonic crystal[J].Applied physics letters, 1999, 75(13): 1848-1850.

[58] ZOOROB M E, CHARITON M D B, PARKER G J, et al.Complete photonic bandgaps in 12-fold symmetric quasicrystals[J].Nature, 2000, 404 (6779): 740-743.

[59] ZOOROB M E, CHARITON M D B, PARKER G J, et al.Complete and absolute photonic bandgaps in highly symmetric photonic quasicrystals embedded in low refractive index materials[J].Materials science and engineering, 2000, B74(1/2/3): 168-174.

[60] ZOOROB M E, CHARITON M D B, PARKER G J, et al.Photonic quasicrystal waveguides [J]. IEEE/CLEO (Cat. No.01CH37170), 2001: 293-293.

[61] CHENG S S M, LI L M, CHAN C T, et al.Defect and transmission properties of two-dimensional quasiperiodic photonic band-gap systems [J]. Physical review B, 1999, 59(6): 4091-4098.

[62] HASE M, MIYAZAKI H, EGASHIRA M, et al.Isotropic photonic band gap and anisotropic structures in transmission spectra of two-dimensional fivefold and eightfold symmetric quasiperiodic photonic crystals[J].Physical review B, 2002, 66(21): 214205-1-214205-8.

[63] WANG K, DAVID S, CHELNOKOV A, et al.Photonic band gaps in quasicrystal-related approximant structures[J].Journal of modern optics, 2003, 50(13): 2095-2105.

[64] ROMERO-VIVAS J, CHIGRIN D, LAVRINENKO A, et al.Resonant add-drop filter based on a photonic quasicrystal[J].Optics express, 2005, 13 (3): 826-835.

[65] DYACHENKO P N, MIKLYAEV Y V.Band structure calculation of 2D photonic pseudo quasicrystals obtainable by holographic lithography [J]. SPIE, 2006, 6182: 61822I-1-61822I-8.

[66] ROPER D T, BEGGS D M, KALITEEVSKI M A, et al.Properties of two-dimensional photonic crystals with octagonal quasicrystalline unit cells[J]. Journal of modern optics, 2006, 53(3): 407-416.

[67] KALITEEVSKI M A, BRAND S, ABRAM R A, et al.Two-dimensional penrose-tiled photonic quasicrystals: diffraction of light and fractal density

of modes[J].Journal of modern optics, 2000, 47(11): 1771-1778.

[68] ZHANG X, ZHANG Z Q, CHANG C T.Absolute photonic band gaps in 12-fold symmetric photonic quasicrystals[J].Physical review B, 2001, 63 (8): 081105-1-081105-4.

[69] WANG Y Q, CHENG B Y, ZHANG D Z.The density of states in quasiperiodic photonic crystals[J].Journal of physics-condensed matter, 2003, 15 (45): 7675-7680.

[70] BAYINDIR M, CUBUKCU E, BULU I, et al.Photonic band gap effect and localization in two-dimensional Penrose lattice[C].Technical Digest Summaries of Papers Presented at the Quantum Electronics and Laser Science Conference. Postconference Technical Digest (IEEE Cat. No. 01CH37172), 2001: 122-123.

[71] KALITEEVSKI M A, BRAND S, ABRAM R A, et al.Diffraction and transmission of light in low-refractive index Penrose-tiled photonic quasicrystals[J].Journal of physics-condensed matter, 2001, 13(46): 10459-10470.

[72] ABRAM R A, BRAND S, KALITEEVSKI M A, et al.Two-dimensional Penrose-tiled photonic quasicrystals: is there a pure photonic band gap? [C].Proceedings of the 8th International Symposium Nanostructures: Physics and Technology, 2000: 240-243.

[73] ZOLLA F, FELBACQ D, GUIZAL B.Remarkable diffractive property of photonic quasi-crystals[J].Optics communications, 1998, 148(1/2/3): 6-10.

[74] SUTTER D, KRAUSS G, STEURER W.Phononic quasicrystals[J].Materials research society symposium-proceedings, 2003, 805: 99-104.

[75] MAN W N, MEGENS M, STEINHARDT P J, et al.Experimental measurement of the photonic properties of icosahedral quasicrystals[J].Nature, 2005, 436(7053): 993-996.

[76] JIN C, MENG X, CHENG B, et al.Photonic gap in amorphous photonic materials[C].Technical Digest Summaries of Papers Presented at the Conference on Lasers and Electro-Optics.Postconference Technical Digest(IEEE

Cat.No.01CH37170）, 2001: 587-588.

[77] DAVID S, CHELNOKOV A, LOURTIOR J M.Isotropic photonic struc-tures: archimedeam like tilings and quasi-crystals[J].IEEE journal of quan-tum electronics, 2001, 37(11): 1417-1424.

[78] WANG Y, WANG Y, FENG S, et al.The effect of short-range and long-range orientational orders on the transmission propterties of quasiperiodic photonic crystals[J].Europhysics letters, 2006, 74(1): 49-54.

[79] ROCKSTUHL C, LEDERER F.The effect of disorder on the local density of states in two-dimensional quasi-periodic photonic crystals[J].New jour-nal of physics, 2006, 8(9): 206.

[80] VILLA A D, ENOCH S, TAYEB G, et al.Band gap formation and multi-ple scattering in photonic quasicrystals with a Penrose-type lattice[J].Physi-cal review letters, 2005, 94(18): 183903-1-183903-4.

[81] ZHANG J, TAM H L, WONG W H, et al.Isotropic photonic band gap in 2-D photonic microcavity with Penrose quasicrystal pattern[C].CLEO/Pa-cific Rim 2003. The 5th Pacific Rim Conference on Lasers and Electro-Op-tics(IEEE Cat.No.03TH8671), 2003, 1: 117.

[82] JIN C, CHENG B, MAN B, et al.Two-dimensional dodecagonal and de-cagonal quasi-periodic photonic crystals in the microwave region[J].Physi-cal review B, 2000, 61(16): 10762-10767.

[83] WANG Y Q, FENG Z F, XU X S, et al.Uncoupled defect mode in a two-dimensional quasiperiodic photonic crystal[J].Europhysics letters, 2003, 64(2): 185-189.

[84] WANG Y, JIN C, HAN S, et al.Defect modes in two-dimensional quasi-periodic photonic crystal[J].Japanese journal of applied physics, 2004, 43 (4A): 1666-1671.

[85] WANG Y Q, FENG Z F, HU X Y, et al.Band gaps of an amorphous pho-tonic materials[J].Chinese physics letters, 2004, 21(2): 324-325.

[86] WANG Y, HU X, XU X, et al.Localized modes in defect-free dodecagonal quasiperiodic photonic crystals[J].Physical review B, 2003, 68(16): 165106-1-165106-4.

[87] NOTOMI M, SUZUKI H, TAMAMURA T, et al.Lasing action due to the two-dimensional quasiperiodicity of photonic quasicrystals with a Penrose lattice[J].Physical review letters, 2004, 92(12): 123906-1-123906-4.

[88] WANG K.Light wave states in two-dimensional quasiperiodic media[J]. Physical review B, 2006, 73(23): 51221-51225.

[89] VILLA A D, ENOCH S, TAYEB G, et al.Localized modes in photonic quasicrystals with Penrose-type lattice[J].Optics express, 2006, 14(21): 10021-10027.

[90] KALITEEVSKI M A, BRAND S, ABRAM R A, et al.Two-dimensional Penrose-tiled photonic quasicrystals: from diffraction pattern to band structure[J].Nanotechnology, 2000, 11(4): 274-280.

[91] KALITEEVSKI M A, BRAND S, ABRAM R A.Directionality of light transmission and reflection in two-dimensional Penrose tiled photonic quasicrystals[J].Journal of physics-condensed matter, 2004, 16(8): 1269-1278.

[92] HIETT B P, BECKETT D H, COX S J, et al.Photonic band gaps in 12-fold symmetric quasicrystals[J].Journal of materials science-materials in electronics, 2003, 14(5/6/7): 413-416.

[93] XIE P, ZHANG Z, ZHANG X.Gap solitons and soliton trains in finite-sized two-dimensional periodic and quasiperiodic photonic crystals[J].Physical review E, 2003, 67(2): 026607-1-026607-5.

[94] WANG Y, JIAN S, HAN S, et al.Photonic band-gap engineering of quasiperiodic photonic crystals[J].Journal of applied physics, 2005, 97(10): 106112-1-106112-3.

[95] ZHANG X, ZHANG Z, CHAN C T.Absolute photonic band gaps in 12-fold symmetric photonic quasicrystals[J].Physical review B, 2001, 63(8): 081105-1-081105-4.

[96] WANG Y, LIU J, ZHANG B, et al.Simulations of defect-free coupled-resonator optical waveguides constructed in 12-fold quasiperiodic photonic crystals[J].Physical review B, 2006, 73(15): 155107-1-155107-5.

[97] GAUTHIER R C, MNAYMENH K.FDTD analysis of photonic quasi-

crystal symmetry-breaking resonator modes with waveguide applications [J].SPIE, 2006, 6128: 61281H-1- 61281H-10.

［98］ NOZAKI K, BABA T.Quasiperiodic photonic crystal microcavity lasers [J].Applied physics letters, 2004, 84(24): 4875-4877.

［99］ KIM S, LEE J, KIM S, et al.Photonic quasicrystal single-cell cavity mode [J].Applied physics letters, 2005, 86(3): 031101-1-031101-3.

［100］ GAUTHIER R C, MNAYMNEH K.Towards physical implementation of an optical add-drop multiplexer(OADM)based upon properties of 12-fold photonic quasicrystals[J].Proceeding of SPIE, 2005, 5970: 59700Q-1- 59700Q-10.

［101］ GAUTHIER R C, IVANOV A.Production of quasi-crystal template patterns using a dual beam multiple exposure technique[J].Optics express, 2004, 12(6): 990-1003.

［102］ GAUTHIER R C, MNAYMNEH K.Photonic band gap properties of 12-fold quasicrystal determined through FDTD analysis[J].Optics express, 2005, 13(6): 1985-1998.

［103］ LEE P, LU T, TSAI F, et al.Whispering galley mode of modified octagonal quasiperiodic photonic crystal single-defect microcavity and its side-mode reduction[J].Applied physics letters, 2006, 88(20): 201104-1- 201104-3.

［104］ MNAYMNEH K, GAUTHIER R C.Theoretical analysis of band gap formation in rotationally symmetric 2D photonic quasi-crystal using rotational symmetry arguments[J].Proceeding of SPIE, 2006, 6128: 61280E-1- 61280E-8.

［105］ HASE M, EGASHIRA M, SHINYA N, et al.Optical transmission spectra of two-dimensional quasiperiodic photonic crystals based on Penrose-tiling and octagonal-tiling systems[J].Journal of alloys and compounds, 2002, 342(1): 455-459.

［106］ FENG Z, ZHANG X, REN K, et al.Experimental demonstration of non-near-field image formed by negative refraction[J].Physical review B, 2006, 73(7): 075118-1-075118-5.

［107］ FENG Z, ZHANG X, WANG YQ, et al.Negative refraction and imaging using 12-fold symmetry quasicrystals［J］.Physical review letters, 2005, 94 (24)：247402-1-247402-4.

［108］ 冯志芳, 张向东, 王义全, 等.十二重准晶光子结构中的负折射与成像［J］.物理, 2006, 35(1)：10-13.

［109］ 张振生, 章蓓, 徐军, 等.GaN 基二维八重准晶光子晶体制备与应用［J］.北京大学学报, 2006, 42(1)：51-54.

［110］ ZHANG Z S, ZHANG B, X U J, et al.Effects of symmetry of GaN-based two-dimensional photonic crystal with quasicrystal lattices on enhancedment of surface light extraction［J］.Applied physics letters, 2006, 88 (17)：171103-1-171103-3.

［111］ STENGER N, REHSPRINGERS J, HIRLIMANN C.Templete-directed self-organized silica beads on square and Penrose-like patterns［J］.Journal of luminescence, 2006, 12(4)：278-281.

［112］ WANG X, NG C Y, TAM W Y, et al.Large-area two-dimensional mesoscale quasi-crystals［J］.Advanced materials, 2003, 15(18)：1526-1528.

［113］ ESCUTI M J, GRAWFORD G P.Holographic photonic crystals［J］.Optical engineering, 2004, 43(9)：1973-1987.

［114］ 刘欢, 姚建全, 李恩邦.激光全息法制作二、三维光子晶体的模拟计算及禁带分析［J］.物理学报, 2006, 55(5)：2286-2292.

［115］ 王霞, 谭永炎.准晶结构的激光全息人工制作［J］.物理学报, 2006, 55 (10)：5398-5402.

［116］ WANG X, XU J, LEE J C W, et al.Relalization of optical periodic quasicrystals using holographic lithography［J］.Applied physics letters, 2006, 88(5)：051901-1-051901-3.

［117］ YANG Y, ZHANG S, WANG G P.Fabrication of two-dimensional metal-lodielectric quasicrystals by single-beam holography［J］.Applied physics letters, 2006, 88(25)：251104-1-251104-3.

［118］ YANG Y, ZHANG S, WANG G P.Realization of periodic and quasiperiodic microstructures with sub-diffraction-limit feature sizes by far-field holographic lithography ［ J ］. Applied physics letters, 2006, 88 (11)：

111104-1-111104-3.

[119] ROICHMAN Y, GRIER D G. Holographic assembly of quasicrystalline photonic heterostructures[J].Optics express, 2005, 13(14): 5434-5439.

[120] WALLACE J.Optical trapping assembles of 3-D photonic quasicrystals[J]. Laser focus world, 2005: 13-15.

[121] TAM W Y. Icosahedral quasicrystals by optical interference holography [J].Applied physics letters, 2006, 89(25): 251111-1-251111-3.

[122] LEDERMANN A, CADEMARTIRI L, HERMATSCHWEILER M, et al. Three-dimensional silicon inverse photonic quasicrystals for infrared wave-lengths[J].Nature materials, 2006, 5(12): 942-945.

[123] FREEDMAN B, BARTAL G, SEGEV M, et al.Wave and defect dyna-mics in nonlinear photonic quasicrystals[J].Nature, 2006, 440(7088): 1166-1169.

[124] HU X, DAI Y, YANG L Y, et al.Self-formation of quasiperiodic void structure in CaF_2 induced by femtosecond laser irradiation[J].Journal of applied physics, 2007, 101(2): 023112-1-023112-3.

[125] GAUTHIER R C, MNAYMENH K.FDTD analysis of 12-fold photonic quasi-crystal central pattern localized states[J].Optics communications, 2006, 264(1): 78-88.

[126] GAUTHIER R C.FDTD analysis of out-of plane propagation in 12-fold photonic quasi-crystals[J].Optics communications, 2007, 269(2): 395-410.

[127] DODABALAPUR A, IBANESCU M, MEKIS A, et al.Photo excited 2-dimensional-photonic crystal and quasicrystal lasers with organic gain media[C]. IEEE LEOS annual meeting conference proceedings 2004 (IEEE Cat.No.04CH37581)2004, 1: 134-135.

[128] BABA T.Photonic crystals and related photonic nanodevices[C].Interna-tional conference on indium phosphide and related materials. 16th IPRM (IEEE Cat.No.04CH37589), 2004: 89-93.

[129] BABA T, NOZAKI K, MORI D.Photonic crystal devices with quasiperi-odicity[J].IEEE/LEOS, 2004, 1: 136-137.

[130] NOZAKI K, NAKAGAWA A, ATSUO D, et al. Ultralow threshold and single-mode lasing in microgear lasers and its fusion with quasi-periodic photonic crystals[J].IEEE journal on selected topics in quantum electronics, 2003, 9(5): 1355-1360.

[131] NOZAKI K, NAKAGAWA A, SANO D, et al. Ultralow threshold microgear lasers and their fusion with quasiperiodic photonic crystals [C]. CLEO/Pacific Rim 2003. The 5th Pacific Rim Conference on Lasers and Electro-Optics(IEEE Cat.No.03TH8671), 2003, 1: 169.

[132] NOZAKI K, BABA T. Quasiperiodic photonic crystal microlaser with defect[J].OSA trends in optics and photonics series, 2004, 96 A: 1633-1634.

[133] NOZAKI K, BABA T. Photonic crystal/quasicrystal nanolasers and spontaneous emission control[J]. Review laser engineering, 2006, 34(11): 756-760.

[134] NOZAKI K, BABA T. Lasing characteristics of 12-fold symmetric quasiperiodic photonic crystal slab nanolasers[J]. Japanese journal of applied physics, part 1: regular papers, brief communication and review papers, 2006, 45(8A): 6087-6090.

[135] LEE P T, LU T W, TSAI F M, et al. Lasing actions of octagonal quasiperiodic photonic crystal microcavities[J]. Japanese journal of applied physics, 2007, 46(3): 971-973.

[136] LEE P, LU T, TSAI F, et al. Investigation of whispering galley mode dependent on cavity geometry of quasiperiodic photonic crystal microcavity lasers[J].Applied physics letters, 2006, 89(23): 231111-1-231111-3.

[137] WALLACE J. Add/drop is based on photonic quasicrystals[J].Laser focus world, 2005, 41(4): 13-14.

[138] FEJER M M, MAGEL G A, JUNDT D H, et al. Quasi-phase-matched second harmonic generation: tuning and tolerances[J]. IEEE journal of quantum electronics, 1992, 28(11): 2631-2654.

[139] BERGER V. Nonlinear photonic crystals[J].Physical review letters, 1998, 81(19): 4136-4139.

[140] SALTIEL S, KIVSHAR Y S. Phase matching in nonlinear $\chi^{(2)}$ photonic crystals[J]. Optics letters, 2000, 25(16): 1204-1206.

[141] ZHU S N, ZHU Y Y, MING N B. Quasi-phase-matched third-harmonic-generation in a quasi-periodic optical superlattice[J]. Science, 1997, 278(5339): 843-846.

[142] FRADKIN-KASHI K, ARIE A. Multiple nonlinear optical interactions with arbitrary wave vector differences[J]. Physical review letters, 2002, 88(2): 023903-1-023903-4.

[143] LIFSHITZ R, ARIE A, BAHABAD A. Photonic quasicrystals for nonlinear optical frequency conversion[J]. Physical review letters, 2005, 95(13): 133901-1-133901-4.

[144] CHEN W, MILLS D L. Gap solitons and the nonlinear optical response of superlattices[J]. Physical review letters, 1987, 58(2): 160-163.

[145] JOHN S, AKOZBEK N. Nonlinear optical solitary waves in a photonic band gap[J]. Physical review letters, 1993, 71(8): 1168-1171.

[146] AKOZBEK N, JOHN S. Optical solitary waves in two-and three-dimensional nonlinear photonic band-gap structures[J]. Physical review E, 1998, 57(2): 2287-2319.

[147] MINGALEEV S F, KIVSHAR Y S. Self-trapping and stable localized modes in nonlinear photonic crystals[J]. Physical review letters, 2001, 86(24): 5474-5477.

[148] ABLOWITZ M J, ILAN B, SCHONBRUN E, et al. Solitons in two-dimensional lattices possessing defects, dislocations, and quasicrystal structures[J]. Physical review E, 2006, 74(3): 035601-1-035601-4.

[149] SAKAGUCH H, MALOMED B A. Gap solitons in quasiperiodic optical lattices[J]. Physical review E, 2006, 74(2): 026601-1-026601-7.

[150] ZHANG B, ZHANG Z, XU J, et al. The Ga-Nitride/air two-dimensional photonic quasi-crystals fabricated on GaN-based light emitters[J]. Materials research society symposium-proceedings, 2005, 831: 385-390.

[151] XU X, CHEN H, ZHANG D. Stimulated emission in quasi-periodic photonic crystals[J]. Chinese optics letters, 2005, 3(SUPPL): S194-S195.

[152] VESELAGO V G.The electrodynamics of substances with simultaneously negative values of ε and μ[J].Soviet physics uspekhi, 1968, 10(4): 509-514.

[153] PENDRY J B.Negative refraction makes a perfect lens[J].Physical review letters, 2000, 85(18): 3966-3969.

[154] SHELBY R A, SMITH D R, SCHULTZ S.Experimental verification of a negative index of refraction[J].Science, 2001, 292(5514): 77-79.

[155] SMITH D R, PADILLA W J, VIEW D C, et al.Composite medium with simultaneously negative permeability and permitivity[J].Physical review letters, 2000, 84(18): 4184-4187.

[156] SMITH D R, KROLL N.Apparent spin polarization decay in Cu-Dusted $Co/Al_2O_3/Co$ tunnel junctions[J].Physical review letters, 2000, 84 (13): 2933-2936.

[157] LIU Z, LIN Z F, CHUI S T.Negative refraction and omnidirectional total transmission at a planar interface associated with a uniaxial medium[J]. Physical review B, 2004, 69 (11): DOI: 10.1103/phys RevB.69. 115402.

[158] ZHANG X.Negative refraction of spintronics and spin beam splitter[J]. Applied physics letters, 2006, 88(5): 052114-1-052114-3.

[159] NOTOMI M.Theory of light propagation in strongly modulated photonic crystals: refraction like behavior in the vicinity of the photonic band gap [J].Physical review B, 2000, 62(16): 10696-10705.

[160] LUO C, JOHNSON S G, JOANNOPOULOS J D, et al.Subwavelength imaging in photonic crystals [J]. Physical review B, 2003, 68 (4): 045115-1-045115-15.

[161] CUBUKCU E, AYDIN K, OZBAY E, et al.Electromagnetic waves: negative refraction by photonic crystals[J].Nature, 2003, 423(6940): 604-605.

[162] LI Z Y, LIN L L.Evaluation of lensing in photonic crystal slabs exhibiting negative refraction[J].Physical review B, 2003, 68(24): 245110-1-245110-7.

［163］ HE S L, RUAN Z C, CHEN L, et al.Focusing properties of a photonic crystal slab with negative refraction［J］.Physical review B, 2004, 70 (11): 115113-1-115113-10.

［164］ HU X, CHAN C T.Photonic crystals with silver nanowires as a near-infra-red superlens［J］.Applied physics letters, 2004, 85(9): 1520-1522.

［165］ ZHANG X.Tunable non-near-field focus and imaging of an unpolarized electromagnetic wave［J］.Physical review B, 2005, 71(23): 235103-1-235103-5.

［166］ ZHANG X.Negative refraction and focusing of electromagnetic wave through two-dimensional photonic crystals［J］.Frontiers of physics China, 2006, 4: 396-404.

［167］ ZHANG X, LI Z, CHENG B, et al.Non-near-field focus and imaging of an unpolarized electromagnetic wave through high-symmetry quasicrystals ［J］.Optics express, 2007, 15(3): 1292-1300.

［168］ LAVRINENKO A, BOREL P, FRANDSEN L, et al. Comprehensive FDTD modelling of photonic crystal waveguide components［J］.Optics express, 2004, 12(2): 234-248.

［169］ YEE K S.Numerical solution of initial boundary value problems involving Maxwell's equations in isotropic media［J］.IEEE transactions on antennas and propagation, 1966, 14(4): 302-307.

［170］ TAFLOVE A, HAGNESS S C.Computational electrodynamic: the finite difference time domain method［M］.2nd edition.Boston, MA: Artech Hous, 2000.

［171］ TAKEDA H, YOSHINO K.Tunable photonic band schemes of opals and inverse opals infiltrated with liquid crystals［J］.Journal of applied physics, 2002, 92(10): 5658-5662.

［172］ KHOO I C, WU S T.Optics and nonlinear optics of liquid crystals［M］.Singapore: World Scientific, 1993.

［173］ 刘有延, 傅秀军.准晶体［M］.上海: 上海科技教育出版社, 1999.

［174］ 陈敬中.准晶结构及对称新理论［M］.武汉: 华中理工大学出版社, 1996.

[175] 周公度, 郭可信.晶体和准晶体的衍射[M].北京: 北京大学出版社, 1999.

[176] LI Z Y, GU B Y, YANG G Z.Large absolute band gap in 2D anisotropic photonic crystals[J].Physical review letters, 1998, 81(12): 2574-2577.

[177] ANDERSON C M, GIAPIS K P.Larger two-dimensional photonic band gaps[J].Physical review letters, 1996, 77(14): 2949-2952.

[178] QIU M, HE S.Large complete band gap in two-dimensional photonic crystals with elliptic air holes[J].Physical review B, 1999, 60(15): 10610-10612.

[179] WANG R, WANG X, GU B, et al.Effects of shapes and orientations of scatters and lattice symmetries on the photonic band gap in two-dimensional photonic crystals[J].Journal of applied physics, 2001, 90(9): 4307-4313.

[180] LI Z Y, ZHANG Z Q.Fragility of photonic band gaps in inverse-opal photonic crystals[J].Physical review B, 2000, 62(3): 1516-1519.

[181] ZHANG X.Subwavelength far-field resolution in a square two-dimensional photonic crystal[J].Physical review E, 2005, 71(3): 037601-1-037601-4.

[182] LUO C, JOHNSON S G, JOANNOPOULOS J D, et al.All-angle negative refraction in a three-dimensionally periodic photonic crystal[J].Applied physics letters, 2002, 81(13): 2352-2354.

[183] BELOV P A, HAO Y.Subwavelength imaging at optical frequencies using a transmission device formed by a periodic layered metal-dielectric structure operating in the canalization regime[J].Physical review B, 2006, 73(11): 113110-1-113110-4.

[184] SERGENTU V V, FOCA E, ANGA S, et al.Focusing effect of photonic crystal concave lenses made from porous dielectrics[J].Physica status solidi(a), 2004, 201(5): R31-R33.

[185] FOCA E, FÖLL H, CARSTENSEN J, et al.Strongly frequency dependent focusing efficiency of a concave lens based on two-dimensional photonic crystals[J].Applied physics letters, 2006, 88(1): 011102-1-011102-3.

［186］ RUAN Z, HE S.Open cavity formed by a photonic crystal with negative effective index of refraction［J］.Optics letters, 2005, 30(17): 2308-2310.

［187］ LUO Y, ZHANG W, HUANG Y, et al.Wide-angle beam splitting by use of positive-negative refraction in photonic crystals［J］.Optics letters, 2004, 29(24): 2920-2922.

［188］ AO X Y, HE S L.Polarization beam splittering based on a two-dimensional photonic crystal of negative refraction［J］.Optics letters, 2005, 30(16): 2152-2154.

［189］ MOCELLA V, DARDANO P, MORETTI L, et al.A polarizing beam splitter using negative refraction of photonic crystals［J］.Optics express, 2005, 13(19): 7699-7707.

［190］ ZHANG X.Effect of interface and disorder on the far-field image in a two-dimensional photonic-crystal-based flat lens［J］.Physical review B, 2005, 71(16): 165116-1-165116-7.

［191］ 冯亚萍, 周骏, 阳明仰, 等.二维 Thue-Morse 型准周期光子晶体的制作与光学特性［J］.光学学报, 2011, 31(4): 0423001-1-0423001-6.

［192］ 刘建军.二维光子准晶的带隙及成像特性研究［D］.哈尔滨: 哈尔滨工业大学, 2013.

［193］ 刘薇.光子晶体光通信器件的结构设计和性能研究［D］.郑州: 郑州大学, 2017.

［194］ CUBUKCU E, AYDIN K, OZBAY E, et al.Subwavelength resolution in a two-dimensional photonic-crystal-based superlens［J］.Physical review letters, 2003, 91(20): 207401-1-207401-4.

［195］ FOTEINOPOULOU S, M SOUKOULIS C.Negative refraction and left-handed behavior in two-dimensional photonic crystals［J］.Physical review B, 2003, 67(23): 235107-1-235107-5.

［196］ BERRIER A, MULOT M, SWILLO M, et al.Negative refraction at infra-red wavelengths in a two-dimensional photonic crystal［J］.Physical review letters, 2004, 93(7): 073902-1-073902-4.

［197］ WANG X, REN Z F, KEMPA K.Unrestricted superlensing in a triangular two-dimensional photonic crystal［J］.Optics express, 2004, 12(13):

2919-2924.

[198] BELOV P A, SIMOVSKI C R, IKONEN P. Canalization of subwave-length images by electromagnetic crystals[J]. Physical review B, 2005, 71 (19): 193105-1-193105-4.

[199] FOTEINOPOULOU S, SOUKOULIS C M. Electromagnetic wave propagation in two-dimensional photonic crystals: a study of anomalous refractive effects[J]. Physical review B, 2005, 72(16): 165112-1-165112-4.

[200] ZHANG H F, SHEN L F, RAN L X, et al. Layered superlensing in two-dimensional photonic crystals[J]. Optics express, 2006, 14(23): 11178-11183.

[201] OZBAY E, AYDIN K, BULU I, et al. Negative refraction, subwave-length focusing and beam formation by photonic crystals[J]. Journal of physics D: applied physics, 2007, 40(9): 2652-2658.

[202] HUANG Y J, LU W T, SRIDHAR S. Alternative approach to all-angle negative refraction in two-dimensional photonic crystals[J]. Physical review A, 2007, 76(1): 013824-1-013824-5.

[203] KALITEEVSKI M A, BRAND S, GARVIE-COOK J, et al. Terahertz filter based on refractive properties of metallic photonic crystal[J]. Optics express, 2008, 16(10): 7330-7335.

[204] SMIGAJ W, GRALAK B, PIERRE R, et al. Antireflection gratings for a photonic-crystal flat lens[J]. Optics letters, 2009, 34(22): 3532-3534.

[205] PENDRY J B. Negative refraction makes a perfect lens[J]. Physical review letters, 2000, 85(18): 3966-3969.

[206] RAO X S, ONG C K. Amplification of evanescent waves in a lossy left-handed material slab[J]. Physical review B, 2003, 68(11): 113103-1-113103-4.

[207] GRBIC A, ELEFTHERIADES G V. Overcoming the diffraction limit with a planar left-handed transmission-line lens[J]. Physical review letters, 2004, 92(11): 117403-1-117403-4.

[208] CUI T J, LIN X Q, CHENG Q, et al. Experiments on evanescent-wave amplification and transmission using metamaterial structures[J]. Physical review B, 2006, 73(24): 245119-1-245119-4.

[209] PENDRY J B, HOLDEN A J, STEWART W J, et al.Extremely low frequency plasmons in metallic mesostructures[J].Physical review letters, 1996, 76(25): 4773-4776.

[210] PENDRY J B, HOLDEN A J, ROBBINS D J, et al.Magnetism from conductors and enhanced nonlinear phenomena[J].IEEE transactions on microwave theory and techniques, 1999, 47(11): 2075-2084.

[211] ZHANG X D, LI Z Y, CHENG B Y, et al.Non-near-field focus and imaging of an unpolarized electromagnetic wave through high-symmetry quasicrystals[J].Optics express, 2007, 15(3): 1292-1300.

[212] GENNARO E D, MORELLO D, MILETTO C, et al.A parametric study of the lensing properties of dodecagonal photonic quasicrystals[J].Photonics and nanostructures-fundamentals and applications, 2008, 6(1): 60-68.

[213] GENNARO E D, MILETTO C, SAVO S, et al.Evidence of local effects in anomalous refraction and focusing properties of dodecagonal photonic quasicrystals[J].Physical review B, 2008, 77(19): 193104-1-193104-4.

[214] REN K, REN X B, LI Z Y, et al.Imaging property of two-dimensional quasiperiodic photonic crystals[J].European physical journal of applied physics, 2008, 42(3): 281-285.

[215] REN K, REN X B.Focus achieved by a slab lens of quasiperiodic photonic crystal[J].Acta optica sinica, 2009, 29(8): 2317-2319.

[216] NEVE-OZ Y, POLLOK T, BURGER S, et al.Resonant transmission of electromagnetic waves through two-dimensional photonic quasicrystals[J].Journal of applied physics, 2010, 107(6): 063105-1-063105-4.

[217] REN X B, REN K, FENG Z F, et al.Negative refraction in two-dimensional photonic crystals[J].Progress in natural science, 2006, 16(10): 1027-1032.

[218] REN X B, REN K.Influence of disorders on the focusing property of photonic quasicrystal slab[J].Solid state communications, 2011, 151(1): 42-46.